CUANDO EL ESPACIO SE CURVA

Steve Nadis y Shing-Tung Yau

Cuando el espacio se curva

Una historia sorprendente sobre cómo la geometría
y las matemáticas explican la gravedad

Título original: *The Gravity of Math*

© 2024, 2025 by Steve Nadis and Shing-Tung Yau

© de las ilustraciones, Mei-Heng Yueh, 2024, 2025

Esta edición se publica por acuerdo con Basic Books, un sello editorial de Basic Book Group, una división de Hachette Book Group, Inc., Nueva York, NY, EE. UU. Todos los derechos reservados.

© Editorial Pinolia, S. L., 2025
  Calle de Cervantes, 26
  28014 Madrid
www.editorialpinolia.es
info@editorialpinolia.es

© de la traducción: Equipo Pinolia, 2025
Primera edición: junio de 2025
Colección: Divulgación científica

Depósito legal: M-11034-2025
ISBN: 979-13-87556-45-7

Corrección y maquetación: Palabra de apache
Diseño de cubierta: Óscar Álvarez
Impresión y encuadernación: Industria Gráfica Anzos, S. L. U.
Printed in Spain - Impreso en España

A nuestros padres:
Lorraine B. Nadis y Martin Nadis
Yeuk Lam Leung y Chen Ying Chiu

ÍNDICE

EN BUSCA DE LA LUZ

Entre niebla y nubes, las verdaderas formas del mundo
    se esconden.
Incontables búsquedas incansables, todas ellas en vano.

Mas a través de la bruma del alba, percibo un tenue destello.
Una armonía me invade, corazón y mente se funden en uno.

Los pétalos de flores se despliegan, seducidos
    por el Sol naciente.
Golondrinas surcan el cielo, trazando piruetas en lo alto.

Pero los misterios de tierra y cielo siempre llaman,
    nunca se desvanecen.
Y yo, como siempre, me rindo indefenso
    a su irresistible embrujo.

En tributo a una visión fugaz, me inclino en silencio,
preparándome para el siguiente tramo de esta sinuosa
    y prodigiosa senda.

El camino por delante es arduo, dicen, incluso peligroso
    en partes,
con difíciles pasos que sortear y mucha altura por conquistar.

Continúo resuelto, sin saber detenerme,
inquieto y eternamente curioso, por descubrir
    qué me aguarda en la cumbre.

SHING-TUNG YAU, 2023

PREFACIOS

La primera vez que oí hablar de la teoría general de la relatividad de Einstein era un estudiante de Secundaria en Hong Kong a principios de la década de los sesenta. Calificar de superficial mi introducción al tema sería quedarse corto. El hecho es que, en aquel momento, no sabía suficientes matemáticas para empezar a entender la teoría, y no había nadie que me enseñara. Tampoco había profesores cualificados en la pequeña universidad de Hong Kong a la que asistí unos años más tarde. Y, sin embargo, siempre supe, en lo más profundo de mi ser, que este era un campo rico y profundo que algún día, de alguna manera, estaba destinado a conocer.

Mi oportunidad llegó en enero de 1970, durante el primer año de mis estudios de posgrado en Matemáticas en la Universidad de California, Berkeley. Me había sumergido en la geometría desde que llegué al campus cuatro meses antes, pero, al comenzar el nuevo año, empecé a asistir a algunas clases sobre relatividad general, como suele denominarse la teoría, y me sorprendió descubrir que lo que llamamos gravedad —que durante mucho tiempo se había descrito como una fuerza de atracción— se consideraba con mayor precisión un efecto geométrico, una consecuencia de la curvatura o deformación del espacio-tiempo debido a la presencia de cuerpos masivos. Esto fue toda una revelación para mí, ya que nunca antes había comprendido que la física pudiera relacionarse tan estrechamente con la geometría. En mi inocencia (e ignorancia), las había considerado disciplinas separadas.

De repente, mi curiosidad se despertó y comencé a preguntarme si el espacio-tiempo podía curvarse y la gravedad seguir manifestándose, incluso en el vacío, donde no hay materia presente en absoluto. Al principio, no tenía ni idea de que el problema que estaba contemplando era equivalente a uno que había planteado en 1954 el matemático Eugenio Calabi. Una vez que descubrí lo que había hecho Calabi, su conjetura, formulada en un denso lenguaje matemático sin referencia alguna a la gravedad, se apoderó de mí y ocupó mi atención durante muchos años.

Para Calabi era un problema geométrico fascinante por derecho propio, al margen de cualquier posible vínculo con la relatividad general, y yo lo abordaba principalmente como tal en aquel momento. Pero también me intrigaban las conexiones entre las matemáticas y la física. De hecho, desde ese momento de mayor curiosidad, que se despertó durante aquellas clases sobre relatividad general, gran parte de mi carrera ha transcurrido bailando a lo largo de la frontera, a veces difusa, entre estas dos grandes disciplinas. A menudo he comprobado que habitar este terreno fronterizo resulta sumamente fructífero, pues las ideas matemáticas han estimulado desde siempre los avances en física, mientras que los descubrimientos en física han impulsado a su vez el progreso matemático. Esta dinámica de enriquecimiento mutuo ha sido particularmente evidente en el campo de la relatividad general, y significó una de las principales motivaciones para escribir este libro.

Resulta sorprendente que la teoría general de la relatividad, que Einstein reveló en 1915, siga abarcando casi todo lo que sabemos sobre la gravedad más de un siglo después. Mi coautor y yo queríamos destacar todas las matemáticas que entraron en la teoría y en las ecuaciones fundamentales formuladas por Einstein —así como toda la ayuda que recibió de los matemáticos en el proceso—, además de la contribución que los matemáticos han aportado desde entonces en la exploración de las ramificaciones, aún en desarrollo, de dicha teoría. Nuestra comprensión de los agujeros negros, por ejemplo, habría sido mucho más limitada de no ser por las numerosas perspectivas derivadas de las matemáticas. Y, sin embargo, de no ser por los físicos, quizá ni siquiera habríamos imaginado estas maravillas en primer lugar.

Esta colaboración ha sido, y continúa siendo, apasionante, y me siento privilegiado por formar parte de ella. Y es precisamente esta maravillosa (aunque en ocasiones conflictiva) asociación entre matemáticos y físicos —incluidos también algunos físicos matemáticos que transitan entre ambos mundos— la que esperamos describir y celebrar en *Cuando el espacio se curva*.

SHING-TUNG YAU,
PEKÍN, 2023

Este libro tuvo un comienzo modesto, apenas una palabra. Hace varios años, el editor de una editorial académica se puso en contacto con mi coautor, Shing-Tung Yau, de forma inesperada y le preguntó si tenía alguna idea para un libro. «¿Qué tal un libro sobre la gravedad?», respondió Yau.

No era mucho con lo que partir, pero era más de lo que teníamos en 2006 cuando nos embarcamos en nuestra primera colaboración editorial a petición de un agente literario de Nueva York. Cuando finalmente hablamos con dicho agente y le preguntamos qué tipo de libro tenía en mente, o sobre qué tema podría tratar, nos respondió: «Realmente no tengo ni idea, pero estoy seguro de que se os ocurrirá algo magnífico».

En este caso, al menos, teníamos una semilla: una palabra de solo siete letras sobre la que construir, pero de un alcance verdaderamente colosal. La gravedad es el principal arquitecto del universo, esculpiendo el cosmos a escalas inmensas, dando origen a todo, desde planetas hasta estrellas y supercúmulos que se extienden a lo largo de miles de millones de años luz. Sin embargo, muchas cuestiones permanecen sin respuesta. Por ejemplo, ¿por qué la gravedad es tan débil en comparación con las otras fuerzas —treinta y seis órdenes de magnitud más débil que el electromagnetismo— y por qué ha sido tan difícil desarrollar una teoría unificada en la que la gravedad y las otras tres fuerzas (fuerte, débil y electromagnética) se integren armoniosamente?

Es un tema desafiante, especialmente cuando la figura central que domina el panorama, Albert Einstein, ya ha sido el foco de aproximadamente 1700 libros, y la cifra sigue en aumento. Considerando la voluminosa literatura existente, Yau y yo no nos hemos propuesto abrir nuevos caminos en términos de investigación biográfica e histórica. Para empezar, este no es un libro sobre Einstein en sí, aunque él —tras un arduo esfuerzo de diez años— logró elaborar la teoría de la relatividad general que perdura hasta nuestros días. Nuestra aportación pretende arrojar luz sobre los fundamentos matemáticos que sustentan esta teoría, así como sobre las herramientas teóricas que han posibilitado a los investigadores profundizar en la relatividad general, y alcanzar en ocasiones resultados extraordinarios sin respaldo experimental o anticipándose por décadas a los datos empíricos.

Podría resultar interesante señalar que el físico Steven Weinberg, galardonado con el Premio Nobel, adoptó un enfoque prácticamente opuesto en su texto clásico, *Gravitation and Cosmology*. Como escribió Weinberg en 1972 en la primera página del primer capítulo de ese libro: «A lo largo de esta obra he intentado retrasar la introducción de objetos geométricos, como la métrica... y la curvatura, hasta que el uso de estos objetos pudiera justificarse mediante consideraciones físicas». Al poner el énfasis en las matemáticas, y particularmente en la geometría, nuestro libro ofrece una mirada diferente y, a mi juicio, necesaria. Esta aproximación se justifica porque numerosos desarrollos de la relatividad general y sus extensiones posteriores surgieron a partir de principios matemáticos preexistentes.

Desde mi perspectiva, como alguien ajeno tanto a las matemáticas como a la física, la materia no fue sencilla de asimilar (y no me atreveré a usar aquí la palabra *dominar*). Sin ánimo de exagerar mis dificultades personales, ni de establecer una comparación absurda, me identifiqué con las palabras de Einstein sobre «los años de búsqueda ansiosa en la oscuridad, con sus alternancias de confianza y agotamiento» (*Notas sobre el origen de la teoría general de la relatividad*, 1934). Yo también me esforcé por alcanzar una comprensión adecuada de las matemáticas y la física presentes en este tema con el fin de estructurar la discusión contenida en estas páginas.

Afortunadamente, conté con la ayuda de expertos, no solo de mi coautor, Yau, quien ha realizado trabajos pioneros en relatividad general matemática, entre otras áreas. También recibí un apoyo inestimable de muchos otros matemáticos y físicos, así como de personas ajenas al ámbito científico, a quienes agradezco sinceramente su colaboración.

A continuación menciono a algunas de las personas que contribuyeron con su tiempo y conocimientos a este proyecto, y pido disculpas de antemano por cualquier omisión que pueda haber cometido involuntariamente: Aghil Alaee, Lars Andersson, Maureen Armstrong, Abhay Ashtekar, Ken Bernstein, Michael Bernstein, Robert Bryant, Lily Chan, Yuewen Chen, Paul Chesler, Leo Corry, Demetrios Christodoulou, Mihalis Dafermos, Simon Donaldson, Scott Field, Felix Finster, Peter Galison, Greg Galloway, Elena Giorgi, Wei Gu, Lan-Hsuan Huang, Niky Kamran, Demetre Kazaras, Jordan Keller, Enno Kessler, Gaurav Khanna, Marcus Khuri, Sergiu Klainerman, Hari Kunduri, Sarah LaBauve, Mark Lee, Martin Lesourd, Yi Li, Irene Minder, Georgios Moschidis, James Nester, Peter Olver, Frans Pretorius, Jordan Rainone, David Rowe, Burkhard Schwab, Antoine Song, Andrew Strominger, Jérémie Szeftel, Valentino Tosatti, Henry Tye, Vijay Varma y Robert Wald.

Mei-Heng Yueh, de la Universidad Normal Nacional de Taiwán (NTNU), nos prestó un gran servicio al elaborar las ilustraciones de este libro, una labor que realizó con maestría, eficiencia y rapidez. Quisiera hacer una mención especial a Lydia Bieri, David Garfinkle, Mu-Tao Wang y Hung-Hsi Wu, quienes fueron extraordinariamente generosos con su tiempo y tuvieron la amabilidad de ayudarme, en numerosas ocasiones, a comprender este tema tan complejo. Demostraron una paciencia excepcional durante nuestras múltiples conversaciones, especialmente teniendo en cuenta mi lentitud para asimilar conceptos. Estoy en deuda con todos ellos, así como con el resto de personas mencionadas anteriormente.

También debemos expresar nuestro profundo agradecimiento a nuestro editor, T. J. Kelleher (con quien hemos colaborado maravillosamente en el pasado), a la asistente editorial Kristen Kim y a la editora de producción Shena Redmond. Agradecemos sus esfuerzos y los de muchos otros profesionales en Basic Books, entre ellos, Lara Heimert, Liz Wetzel, Katherine Robertson, Amber Hoover, Brian Distelberg, Sara Sheiner, Shivani Boodhoo y Caitlyn Budnick, quienes confiaron en este proyecto desde el principio y nos guiaron hábilmente desde lo que era inicialmente un manuscrito en bruto hasta la versión definitiva de la que todos nos podemos sentir orgullosos. Afortunadamente, nuestro manuscrito quedó en las manos sumamente competentes de nuestra correctora, Charlotte Byrnes, quien pulió innumerables asperezas, aclarando el texto de principio a fin con maestría, a la vez que aportó uniformidad a mi aplicación caótica de las normas gramaticales del inglés estadounidense.

Por último, quiero dar las gracias a mi esposa, Melissa, y a mis hijas, Juliet y Pauline, por estar siempre a mi lado y por soportar con paciencia más conversaciones sobre la gravedad de las que una persona normal podría tolerar. Quiero expresar un agradecimiento especial a mis padres, Lorraine y Marty, que ya no están entre nosotros, pero que me brindaron la oportunidad de emprender proyectos ambiciosos (y a veces excesivamente ambiciosos) como este. Además, mi hermana, Sue, y mi hermano, Fred, siempre me han respaldado, incluso en algunos de los planes descabellados que he concebido a lo largo de los años.

Steve Nadis,
Cambridge (Massachusetts), 2023

LAS MÚLTIPLES FORMAS
DE SECCIONAR UN CONO

En torno al año 200 a. C., el matemático griego Apolonio de Perge, conocido por sus contemporáneos como el Gran Geómetra, se propuso recopilar todo el conocimiento existente sobre las secciones cónicas. Estas secciones son las curvas que se crean cuando un plano interseca, con diversos ángulos, la superficie de un cono recto infinitamente largo. Si este plano es perpendicular al eje central del cono, se obtiene un círculo. Si el plano está ligeramente inclinado, se forma una elipse. Si está un poco más inclinado, se genera una parábola, y una inclinación aún mayor produce una hipérbola. Euclides, anterior a Apolonio en aproximadamente un siglo, ya había escrito una obra de cuatro volúmenes titulada *Cónicas*, basada en ideas establecidas por el matemático Menecmo décadas antes. Sin embargo, la obra de ocho volúmenes producida por Apolonio, también llamada *Cónicas*, era mucho más exhaustiva, pues contenía numerosas ideas originales que él mismo había formulado.

Esa obra puede resultar ardua. Una reseña publicada en 1896 en la revista *Nature* sobre una traducción reciente de entonces afirmaba: «Se ofrecen demostraciones formales de proposiciones

(387 en total) que deberíamos considerar intuitivamente evidentes, y se muestra una preferencia por métodos indirectos de demostración que, en algunos casos, raya casi en la perversidad». A
pesar del exceso de locuacidad y de los aspectos frecuentemente
digresivos de la presentación, las *Cónicas* de Apolonio «constituye
un excelente ejemplo de los métodos de la geometría griega en
su mejor periodo», añadió el crítico de *Nature*. Y con una excepción técnica, «casi todos los teoremas principales de las cónicas
geométricas ordinarias se encuentran en este tratado, compuesto
hace más de veinte siglos».

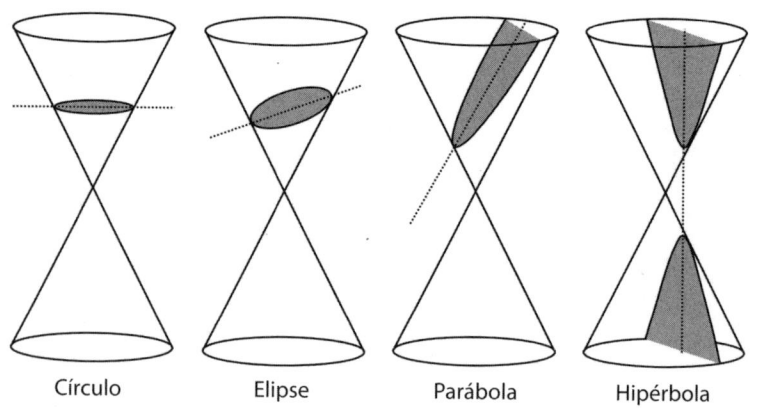

Círculo   Elipse   Parábola   Hipérbola

Secciones cónicas.

Durante la mayor parte de esos siglos, la obra de Apolonio permaneció esencialmente olvidada. A menudo resulta difícil pre-
ver qué utilidad podrían tener finalmente los nuevos conocimientos matemáticos y, durante ese largo periodo de latencia,
apenas hubo aplicaciones prácticas, si es que hubo alguna, ni se
atribuyó ninguna relevancia científica aparente a estas construcciones matemáticas.

Todo esto cambió a principios del siglo XVII, cuando Johannes Kepler se familiarizó con la obra de Apolonio. Kepler reali-

zó su propio estudio de las secciones cónicas, cuyos resultados aparecieron en un artículo de 1604 donde abordaba los problemas ópticos que pueden surgir en astronomía. Aquel estudio lo encaminó hacia los descubrimientos que le darían mayor reconocimiento.

En 1609, Kepler publicó dos leyes del movimiento planetario: la primera establecía que los planetas del sistema solar se desplazan siguiendo órbitas elípticas (no circulares) alrededor del Sol, estando el Sol situado en uno de los focos de dicha elipse. Según la segunda ley de Kepler, la línea que va desde el Sol hasta un planeta (como la Tierra) barre áreas equivalentes en intervalos de tiempo idénticos. Diez años después, Kepler publicó su tercera ley: el cuadrado del período orbital de un planeta es proporcional al cubo de su distancia media al Sol.

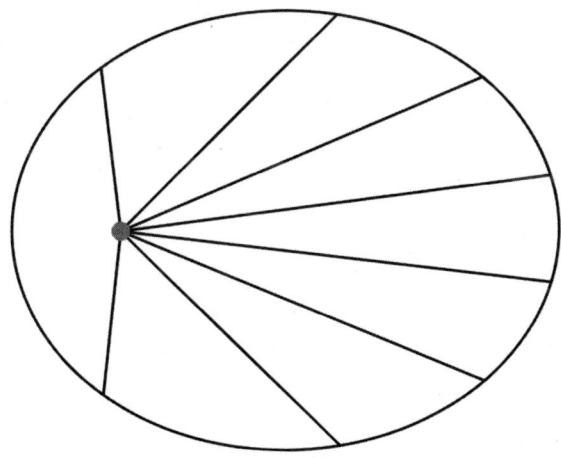

Segunda ley de Kepler.

El trabajo de Kepler proporcionó un sólido respaldo a la visión heliocéntrica (en contraposición a la geocéntrica) del sistema solar, que había sido propuesta por Copérnico unos sesenta años antes. Sin embargo, Kepler se sentía consternado, como escribiría más tarde el físico Robbert Dijkgraaf, «porque las órbitas de los planetas no formaban la singular y perfecta forma del círculo, sino que presentaban la desagradable apariencia de una elipse».

Aproximadamente sesenta años después, Isaac Newton se propuso explicar los resultados de Kepler. Introdujo nuevas leyes de gravitación, derivadas de un nuevo conjunto de herramientas matemáticas, el *calculus*, que él mismo también había desarrollado. Su trabajo demostró con exactitud por qué los cuerpos en órbita siguen trayectorias definidas por elipses y no por círculos.

Durante aproximadamente doscientos años, las leyes gravitacionales de Newton parecieron funcionar a la perfección. Sin embargo, a finales del siglo XIX, algunas limitaciones se hicieron evidentes. Por aquella época, Albert Einstein comenzó a trabajar en una teoría de la gravedad más amplia y general, que incorporaría las leyes de Newton pero que también estaría capacitada para abordar los casos excepcionales en los que esas leyes fallaban.

No obstante, antes de poder realizar avances significativos, Einstein tuvo que aprender a utilizar una forma de geometría relativamente nueva, o al menos desconocida para él. Esta había surgido unos sesenta años antes, pero durante décadas los físicos apenas le habían prestado atención. No obstante, cuando un antiguo compañero de universidad le introdujo en este campo, Einstein vislumbró rápidamente que esta rama de las matemáticas podría ofrecerle justo lo que necesitaba: la estructura fundamental sobre la que construir una teoría de la gravedad completamente nueva. Y eso es precisamente lo que hizo.

El físico Chen Ning Yang describió el espectacular hallazgo de Einstein y la teoría que lo codifica como «un acto de pura creación» que atribuyó exclusivamente a Einstein: «concebido y ejecutado por una sola persona», según sus propias palabras.[3] Robbert Dijkgraaf, director del Instituto de Estudios Avanzados donde Einstein pasó los últimos veintidós años de su vida, calificó esta proeza como «quizás el mayor logro de una mente humana individual».[4]

Si bien el logro de Einstein se sitúa indudablemente entre los mayores avances teóricos en la historia de la ciencia, podría resultar algo engañoso catalogarlo como un acto de «creación pura». Después de todo, su trabajo se cimentó en la teoría gravitacional de Isaac Newton, publicada más de dos siglos antes. Newton afirmó célebremente en una carta de 1675: «Si he visto más lejos, es por haberme subido a hombros de gigantes». Y si bien Einstein logró ver más allá que cualquiera de sus predecesores, lo hizo gracias al respaldo intelectual de sus antecesores, particularmente de Newton. De hecho, posiblemente Einstein estaba menos impresionado con su propio trabajo que Yang y Dijkgraaf. Einstein se refirió a Newton como un «genio brillante que determinó el curso del pensamiento, la investigación y la práctica occidentales como nadie antes o después».[5]

Por otra parte, Einstein no partió de cero cuando comenzó a desarrollar su teoría de la gravedad; se apoyó en su propia teoría especial de la relatividad, cuya primera versión fue publicada en 1905. Y aunque Einstein es el autor indiscutible de la teoría general, también es cierto que recibió una ayuda considerable por parte de otros científicos durante el proceso, particularmente de figuras clave con un trabajo fundamental para su desarrollo, como Bernhard Riemann, Hermann Minkowski y Gregorio Ricci-Curbastro. Asimismo, muchos le prestaron asistencia personal, como los matemáticos Marcel Grossmann, David Hilbert y Tullio Levi-Civita, además de su buen amigo, el ingeniero Michele Besso, a quien describió como «la mejor caja de resonancia de Europa» para las ideas científicas.[6]

También merece la pena señalar que Einstein no solo tuvo que aprender numerosas matemáticas que desconocía para formular su teoría, sino que anteriormente había prestado escasa atención a ese mismo material. Aunque nunca había considerado que mereciera la pena adentrarse en esos campos matemáticos, comprendió que, de no hacerlo, no podría avanzar significativamente. Por fortuna, logró adquirir las habilidades matemáticas necesarias. Y ciertamente avanzó y llegó muy lejos y, con el apoyo, una vez más, de las matemáticas, de otros matemáticos y de su propio genio, sus ideas nos han guiado desde entonces.

De hecho, un testimonio de la riqueza de la relatividad general es que, más de un siglo después de su formulación, físicos y matemáticos siguen desentrañando sus implicaciones y descubriendo nuevos aspectos de la teoría por investigar, examinar y sondear. La exploración continúa.

Vale la pena insistir en que esta teoría extraordinariamente exitosa y fecunda se construyó sobre unos elementos matemáticos —una forma de geometría— que los físicos habían ignorado en buena medida durante casi medio siglo. Al formular sus leyes del movimiento planetario, Kepler se basó de manera similar en un tratado de 1800 años de antigüedad sobre secciones cónicas, escrito por el «Gran Geómetra» de su época, que hasta entonces no había ejercido apenas influencia en la física. Esto, desde luego, revela la increíble perdurabilidad de las matemáticas. Un teorema matemático rigurosamente demostrado posee la cualidad —rara, si no única, en los asuntos humanos— de mantenerse válido eternamente. Estos axiomas de verdad eterna (parafraseando a Thomas Jefferson) representan herramientas, de cierto tipo, que pueden redescubrirse posteriormente —incluso siglos después— y utilizarse de maneras que sus autores jamás imaginaron. Un acto de «reciclaje» de esta naturaleza, ocurrido a principios del siglo xx, constituye el núcleo de la historia que los autores del presente libro esperamos narrar.

CAPÍTULO 1

OBJETOS QUE CAEN,
PARADIGMAS QUE CAMBIAN

Cómo se inicia una revolución científica? No existe, desde luego, una fórmula o procedimiento establecido que se pueda seguir, pues, de lo contrario, las revoluciones podrían ser tan comunes que no merecerían tal denominación. Sin embargo, dos de los mayores avances en nuestra comprensión de la gravedad se desencadenaron de forma similar: el primero al contemplar un objeto que cae aleatoriamente, y el segundo al pensar en una persona precipitándose desde el tejado de una casa. La noción de caída es, por supuesto, esencial para nuestra percepción intuitiva, y a veces tangible, de la gravedad. En ambos casos, surgieron extraordinarias intuiciones a partir de especulaciones sobre la caída libre y los fenómenos asociados a esta.

El primero de los ejemplos mencionados anteriormente ocurrió, según se cuenta, en 1666. Un año antes, en el verano de 1665, Isaac Newton era un joven de veintitrés años que ocupaba una plaza en el Trinity College de la Universidad de Cambridge. Debido a que la Gran Peste de Londres —un brote mortal de peste bubónica— se acercaba a Cambridge, la universidad envió a sus estudiantes y profesores a casa durante casi dos años. Newton se retiró a su lugar de nacimiento y hogar familiar en Lincolnshire, Inglaterra, donde disfrutó de lo que resultaría ser una estancia extraordinariamente fructífera.

El verano siguiente, mientras estaba sentado en el jardín contemplando la caída de una manzana, Newton «se dejó llevar a una profunda meditación sobre la causa que atrae así a todos los objetos a lo largo de una línea cuya extensión pasaría casi por el centro de la Tierra», escribió el filósofo y autor francés Voltaire.[1] John Conduitt, quien se convertiría en el ayudante de Newton y en su sobrino político unas décadas más tarde, proporcionó un relato algo más detallado: «Mientras estaba en el jardín, Newton pensó que el poder de la gravedad (que hacía caer una manzana desde un árbol al suelo) no estaba limitado a una cierta distancia de la Tierra, sino que este poder debía extenderse mucho más allá de lo que se pensaba habitualmente. ¿Por qué no tan alto como la Luna?, reflexionó para sí mismo, y, si fuera así, eso debería influir en su movimiento y quizás mantenerla en su órbita, tras lo cual, se puso a calcular».[2]

Este tipo de cuestiones llevaron a Newton a desarrollar una teoría integral de la gravedad, que demostró que la misma fuerza que atrae una manzana hacia el centro de la Tierra también atrae a la Luna hacia nuestro planeta, manteniendo su órbita regular en lugar de permitir que se aleje hacia el espacio. Varias décadas antes, Johannes Kepler había sugerido —basándose en observaciones y estimaciones más que en cálculos teóricos— que los planetas siguen trayectorias elípticas alrededor del Sol. Suponiendo que Kepler estaba en lo cierto y que la Luna también seguía una trayectoria elíptica alrededor de la Tierra, Newton demostró que la trayectoria lunar sería efectivamente elíptica si la fuerza de la gravedad ejercida por la Tierra sobre la Luna era inversamente proporcional al cuadrado de la distancia entre ambas.

Newton demostró su planteamiento matemáticamente, utilizando una herramienta que denominó teoría de las fluxiones, y que hoy conocemos como cálculo, que también comenzó a desarrollar durante su retiro forzoso en la casa de campo familiar. (Gottfried Wilhelm Leibniz desarrolló el cálculo de forma independiente aproximadamente en la misma época, y posteriormente surgió una encendida disputa sobre la autoría original del cálculo. Los primeros trabajos de Newton en este campo aparentemente precedieron a los de Leibniz en aproximadamente una década, mientras que Leibniz publicó los primeros artículos sobre el tema y presentó el cálculo en la forma que posteriormente fue adoptada por otros matemáticos.[3] Por tanto, parece justo y sensato considerar que ambos fueron coinventores del cálculo y dejarlo así).

Una de las nuevas herramientas que Newton tenía a su disposición, que se encuadra dentro del ámbito general del cálculo diferencial, puede emplearse para determinar la forma de una curva descomponiéndola en incrementos infinitesimales que consisten en diminutos segmentos de línea.

Newton también desarrolló su propia versión del cálculo integral, que puede emplearse, por ejemplo, para determinar el área bajo una curva arbitraria descomponiendo ese espacio en rectángulos diminutos e infinitesimales. Tanto el cálculo diferencial como el integral pueden utilizarse para demostrar que un modelo gravitatorio basado en la ley del inverso del cuadrado no solo genera órbitas elípticas, sino que inevitablemente debe hacerlo.

Newton fue aún más lejos. Logró encapsular el funcionamiento, hasta entonces misterioso, de la gravedad en una fórmula sencilla y única que no solo se aplica a la Tierra y la Luna, sino a todos los cuerpos del sistema solar y, de hecho, a objetos masivos en cualquier lugar del universo. Esta ecuación establece que la intensidad de la atracción gravitatoria, o fuerza F, entre dos cuerpos con masa, m_1 y m_2, es proporcional al producto de sus masas e inversamente proporcional al cuadrado de la distancia (r) que los separa o, más precisamente, la distancia entre sus centros de masa:

$$F = \frac{Gm_1 m_2}{r^2},$$

donde G es la llamada constante gravitacional.

Quizá merezca la pena mencionar que Newton tenía, según todos los testimonios, un carácter un tanto cascarrabias.[4] En cualquier caso, se enzarzó en una larga y amarga disputa por la primacía con Robert Hooke, quien afirmó en su libro *Micrographia*, de 1665, que la gravedad varía de forma inversamente proporcional al cuadrado de la distancia.[5] Pero el planteamiento de Hooke, a diferencia del de Newton, nunca llegó a integrarse en una teoría de la gravedad completa. Además, Hooke desconocía el cálculo, por lo que nunca hubiera podido alcanzar la profundidad en la compresión ni la diversidad en los resultados que logró Newton.

Por supuesto, Newton no fue en absoluto la primera persona en teorizar sobre la gravedad. El fenómeno había sido evidente para las personas, al menos en un sentido vago, desde tiempos prehistóricos, y durante mucho tiempo había servido como tema de reflexión y debate entre los eruditos. En el siglo IV a. C., por ejemplo, Aristóteles postuló que los objetos tienden a caer hacia el centro de la Tierra, que consideraba el centro del universo, a una velocidad proporcional a su peso. Casi dos mil años después, Galileo realizó experimentos que contradecían una de las afirmaciones fundamentales de Aristóteles: bajo la influencia de la gravedad, Galileo concluyó que todos los objetos caen a la misma velocidad (despreciando la influencia de la resistencia del aire o la fricción) y experimentan la misma aceleración.

Newton dio el siguiente paso —que en realidad fue un salto gigantesco— varias décadas después, al aportar el armazón matemático sobre el que construir nuestra concepción de la gravedad.

La etapa que pasó en la vivienda familiar durante la peste, en torno a 1666, ha sido denominada desde entonces su *annus mirabilis*, o año de las maravillas. Durante ese tiempo, Newton estableció los fundamentos del cálculo; realizó importantes avances en el campo de la óptica y demostró la naturaleza compuesta de la luz, y, por supuesto, logró su descubrimiento trascendental sobre la gravitación universal. «Todo esto ocurrió en los dos años de la peste de 1665 y 1666 —escribió posteriormente. Pues en aquellos días me encontraba en la plenitud de mi edad para la invención y me ocupaba de las matemáticas y la filosofía más que en cualquier otro momento desde entonces».[6]

Continuó perfeccionando esta investigación y la combinó con su trabajo sobre las leyes del movimiento y otros temas, para finalmente publicar los resultados dos décadas después en su obra magna, *Philosophiae Naturalis Principia Mathematica*, que vio la luz por primera vez en 1687. En nuestra época, Stephen Hawking la calificaría como «probablemente la obra más importante jamás publicada en las ciencias físicas».[7] En esta obra maestra, Newton presentó sus tres leyes del movimiento, que constituyen el núcleo de la mecánica clásica, así como la derivación de su ley de la gravitación universal. (No formuló sus argumentos mediante el cálculo, que habría sido la forma más concisa y elegante de hacerlo, porque deseaba exponer la discusión de manera que otros pudieran comprenderla fácilmente). Newton demostró en su *Principia* que las leyes de Kepler sobre el movimiento planetario, basadas en observaciones del sistema solar, se derivan matemáticamente de sus propias leyes (las de Newton) de movimiento y gravitación. También proporcionó, por primera vez en la historia, una base matemática sólida para entender la gravedad, así como un método cuantitativo para medir su intensidad.

Las ideas de Newton han resistido extraordinariamente bien el paso del tiempo. De hecho, todos los cálculos de navegación del programa Apolo de la NASA se basaron en la teoría de la gravedad de Newton. La misión Apolo 8, que voló en diciembre de 1968, llevó a los seres humanos a la Luna por primera vez para orbitar a nuestro vecino más cercano en el espacio (aunque sin intención alguna de alunizar durante esta incursión particular). «Los astronautas fueron enviados en una nave espacial que dio varias vueltas a la Luna, orbitó varias veces…, y luego regresó a la

Tierra con prácticamente todo el combustible agotado, confiando exclusivamente en la validez de las leyes de Newton», comentó el físico Steven Weinberg.[8] Durante el viaje de regreso, mientras se comunicaba con el Control de Misión en Houston, el astronauta Bill Anders comentó: «Creo que Isaac Newton es quien está al volante ahora mismo».[9] Y, gracias a una hábil conducción, Anders y sus compañeros, Frank Borman y Jim Lovell, aterrizaron sanos y salvos en el planeta Tierra, amerizando en el océano Pacífico menos de dos días después.

Sin embargo, se descubrieron deficiencias en la teoría de Newton, aunque esta sigue siendo eminentemente útil. Uno de los problemas era esencialmente filosófico: si bien Newton podía calcular con precisión los efectos de la gravedad y hacer predicciones exactas, era incapaz de ofrecer explicación alguna sobre el mecanismo subyacente. En otras palabras, no podía explicar cómo funcionaba la gravedad, una carencia que reconoció abiertamente. «A veces habláis de la gravedad como algo esencial e inherente a la materia —escribió Newton en una carta de 1692 dirigida a Richard Bentley, teólogo y filósofo del Trinity College—. Os ruego que no me atribuyáis esa noción, pues la causa de la gravedad es algo que no pretendo conocer».[10] Newton expresó sentimientos similares en el «Escolio general», un ensayo que redactó y que apareció al final de la segunda edición del *Principia*: «Todavía no he sido capaz de deducir de los fenómenos la razón de estas propiedades de la gravedad, y no formulo hipótesis».[11] La gravitación newtoniana tampoco ofrecía explicación alguna para el hallazgo de Galileo de que todos los objetos caen exactamente a la misma velocidad. Otra característica desconcertante de la ley de Newton, que no satisfizo a algunos de sus contemporáneos, es que la fuerza de la gravedad debe transmitirse de alguna manera instantáneamente. Dado que la fuerza es proporcional a la distancia entre dos objetos, si uno de ellos se mueve, la fuerza ejercida sobre el otro se ajusta de forma inmediata y automática, como por arte de magia, sin ningún medio conocido o postulado para transmitir ese cambio.

A pesar de que Newton era consciente de algunas de las limitaciones de su teoría gravitacional y sabía que dejaba ciertas cuestiones importantes sin respuesta, también reconocía que funcionaba notablemente bien. En lugar de dejarse arrastrar por debates filosóficos sobre la esencia fundamental de la gravedad, se inclinó por adoptar una perspectiva más utilitaria: «Basta con que la gravedad exista y sea suficiente para explicar los fenómenos celestes», afirmó.[12]

Estas dudas filosóficas sobre la gravedad newtoniana se mantuvieron exitosamente a raya durante casi dos siglos. Sin embargo, a mediados del siglo XIX, surgió un problema técnico que no pudo soslayarse tan fácilmente. Las leyes del movimiento y la gravitación de Newton podían predecir los movimientos de los planetas del sistema solar casi a la perfección, con una notable excepción: Mercurio. Sus movimientos orbitales se desviaban ligeramente del comportamiento que las leyes de Newton habrían predicho. En 1859, el astrónomo Urbain Le Verrier descubrió lo que ocurría con la órbita de Mercurio alrededor del Sol: el perihelio de Mercurio —el punto de la órbita en el que este planeta se aproxima más al Sol— no permanecía en el mismo lugar. Con cada revolución alrededor del Sol, el perihelio se desplazaba ligeramente, moviéndose en la misma dirección que seguía Mercurio en su órbita solar. Este cambio en la ubicación del perihelio, que constituye a su vez una alteración en la orientación de la órbita de Mercurio, se denomina precesión.

Todos los planetas del sistema solar experimentan un desplazamiento del perihelio, pero solo el de Mercurio no concuerda con la teoría de Newton. Posteriormente se entendió que la condición anómala de Mercurio se debe a que este se mueve con mucha mayor rapidez que los demás planetas y, al ser el más próximo al Sol, también está sometido al efecto gravitatorio más intenso. Pero Le Verrier calculó, ya en 1859, que la precesión del perihelio de Mercurio era 35 segundos de arco por siglo más veloz (siendo un segundo de arco 1/3600 de grado) de lo que cabría esperar según la teoría newtoniana. En 1882, el matemático Simon Newcomb perfeccionó ese cálculo, concluyendo que la precesión adicional —adicional, en el sentido de que excedía lo que las leyes de Newton podían explicar— era, en realidad, de 43 segundos de arco por siglo.[13]

En cuanto a lo que había detrás de tal disparidad, los astrónomos sugirieron que el misterioso comportamiento orbital de Mercurio podría explicarse por la existencia de un planeta desconocido situado más cerca del Sol. Esto fue, de hecho, postulado por Le Verrier, quien bautizó al hipotético planeta como Vulcano. Sugirió que, en ausencia de Vulcano, la presencia de un pequeño grupo de planetas interiores, aún no descubiertos, también podría provocar la precesión anómala. Sin embargo, observaciones posteriores demostraron que no existía tal planeta o grupo de planetas.

Existía otra posibilidad que, en cierto sentido, resultaba aún más radical. Tal vez, la gravedad newtoniana, que había servido eficazmente al mundo durante tanto tiempo, fuera incorrecta. O al menos no completamente acertada. Era, sin duda, lo suficientemente precisa para explicar la mayoría de los fenómenos del sistema solar, y, de hecho, de gran parte del universo, pero había ciertos fenómenos —que involucraban situaciones donde los cuerpos se movían a velocidades muy altas o la gravedad era extremadamente intensa— que no podía explicar.

Quizás se necesitaba una nueva teoría de la gravitación, una que pudiera reproducir la versión newtoniana en situaciones donde se había demostrado su eficacia, pero que también pudiera abordar los casos excepcionales —y más extremos— en los que esas mismas leyes flaqueaban.

Ahí es donde residía el problema hasta 1905, año en el que Albert Einstein hizo una entrada contundente en el escenario mundial.

Hasta entonces, no era especialmente conocido. De hecho, trabajaba en el anonimato como funcionario de patentes en Berna, Suiza. En 1904, había solicitado un ascenso de funcionario de patentes de tercera clase a funcionario de patentes de segunda clase. Sin embargo, su solicitud fue rechazada por su supervisor, Friedrich Haller, quien afirmó que, aunque el solicitante había «mostrado algunos logros notables», su promoción tendría que esperar «hasta que se familiarizara completamente con la ingeniería mecánica».[14]

En 1905, Einstein tuvo un estallido creativo —su propio *annus mirabilis*— que quizás nunca haya sido igualado en el mundo científico, exceptuando tal vez la eclosión de Newton en 1666. En ese año, Einstein publicó cuatro artículos en la revista científica *Annalen der Physik* (*Anales de Física*), cada uno de los cuales transformó fundamentalmente nuestra comprensión del universo. El primer artículo, publicado en junio de 1905, constituyó un hito en la física cuántica. En él, Einstein introdujo la noción del efecto fotoeléctrico, sosteniendo que la luz no solo adopta la forma de ondas suaves y oscilantes, sino que también puede comportarse como partículas discretas o paquetes *(cuantos)* de energía denominados fotones.[15] (Este artículo fue citado en el Premio Nobel de Física que Einstein recibió en 1921).

En un artículo publicado en julio de 1905, Einstein explicó el fenómeno del movimiento browniano: las partículas suspendidas en un líquido se mueven constantemente, sostenía, debido a su bombardeo continuo por átomos invisibles. Contemplado desde esta perspectiva, el movimiento browniano ofrecía una evidencia inequívoca de la existencia y realidad de los átomos, que en aquel entonces no podían observarse directamente (y que solo recientemente ha sido posible visualizar mediante técnicas avanzadas de microscopía).[16]

En un artículo de septiembre de 1905, Einstein presentó la teoría especial de la relatividad,[17] y, dos meses después, reveló una consecuencia extraordinaria de esa teoría.[18] La energía y la masa son equivalentes, proclamó, y su relación se describe en la siguiente ecuación, posiblemente la más famosa jamás formulada: $E = mc^2$.

Einstein tenía veintiséis años cuando publicó su primer artículo sobre la relatividad especial, pero llevaba aproximadamente una década reflexionando sobre algunas de las cuestiones fundamentales. Lo que lo encaminó hacia la relatividad especial, según relató en sus *Notas autobiográficas*, fueron sus meditaciones sobre una paradoja que había estado contemplando desde los dieciséis años: si se desplazara a la velocidad de la luz junto a un rayo luminoso, imaginemos que viajando en un tren a gran velocidad, percibiría dicho rayo como inmóvil, una situación desconcertante para la que no hallaba justificación física plausible. «Debería percibir ese rayo de luz como un campo electromagnético en reposo aunque oscilando espacialmente —escribió—. Sin embargo, parece que no existe tal cosa, ni basándonos en la experiencia ni según las ecuaciones de Maxwell... Se aprecia que en esta paradoja ya está contenido el germen de la teoría especial de la relatividad».[19]

Dos principios fundamentales constituyen la esencia de la relatividad especial. El primero, como explicó Einstein, es que «toda ley universal de la naturaleza que sea válida en relación con un sistema de coordenadas C también debe serlo en relación con un sistema de coordenadas C', que se encuentra en movimiento de traslación uniforme respecto a C».[20] Como consecuencia de este principio, si una persona estuviera sentada en un tren silencioso y sin vibraciones, con las ventanas y las persianas completamente cerradas, no existe experimento alguno que pudiera realizar para determinar si el tren se desplaza a velocidad constante o permanece en reposo con respecto a una estación cercana.

El segundo principio fundamental, según Einstein, «afirma que la luz en el vacío siempre posee una velocidad de propagación definida (independientemente del estado de movimiento del observador o de la fuente luminosa)».[21] Einstein proclamaba así que, para todos los observadores en movimiento uniforme y en todos los sistemas de referencia que se encuentran en movimiento relativo constante, tanto las leyes de la física como la velocidad de la luz deben permanecer invariables.

Einstein señaló, además, «que hablar de la simultaneidad de dos sucesos carecía de sentido excepto en relación con un sistema de coordenadas determinado, y que la forma de los dispositivos de medición y la velocidad a la que se mueven los relojes dependen de su estado de movimiento respecto al sistema de coordenadas».[22] En esta última afirmación, Einstein se refiere a dos nuevos fenómenos que se habían introducido en la física poco antes de la formulación de la relatividad especial: la dilatación temporal (es decir, que el tiempo transcurre más lentamente para un reloj que se mueve dentro de un marco de referencia particular que para un reloj en reposo) y la contracción espacial (un cuerpo en movimiento experimenta una reducción de su longitud en la dirección de su trayectoria, comparado con sus dimensiones cuando está en reposo). La relatividad especial da cuenta de ambos fenómenos.

En este punto, Einstein y sus colegas cuestionaban los principios fundamentales que Newton había propuesto más de dos siglos antes. En su *Principia*, Newton afirmó que el espacio es un escenario fijo e inmutable en el que las leyes de la física se desarrollan invariablemente. Newton también propuso la noción de tiempo absoluto: una magnitud que proporcionaría la misma medida para todos los relojes que funcionaran correctamente, con independencia de la velocidad o dirección en que dichos relojes se movieran. Para Newton, la naturaleza inalterable del espacio y el tiempo era mucho más que un hecho interesante: constituía el fundamento de todo su sistema físico.

Todo esto cambió con la relatividad especial. El espacio ya no podía considerarse inmutable, puesto que las mediciones espaciales (de distancia o longitud) dependían del movimiento. El tiempo, determinado por un reloj, era otra magnitud que variaba con el movimiento. El espacio y el tiempo, en otras palabras, se convirtieron en conceptos *relativos*, cuyos valores dependían del estado de movimiento del observador que los medía.

Las aportaciones de la relatividad también cuestionaron una característica fundamental de la gravedad newtoniana: que los cambios en sus efectos se percibieran instantáneamente. Pero tales alteraciones en la gravedad, según nos enseña la relatividad especial, no podían transmitirse de forma instantánea ni propagarse a una velocidad superior a la de la propia luz. De hecho, la relatividad especial descartó por completo la noción de simultaneidad absoluta, lo que indicaba que la teoría de Newton debería, como mínimo, ser modificada, y quizás eventualmente reemplazada, para adecuarse a las leyes de la naturaleza recién descubiertas.

Estas ideas, desde luego, no surgieron enteramente de la imaginación de Einstein, sino que en realidad contaban con un largo precedente histórico. En un libro publicado en 1632, Galileo introdujo su propio principio de la relatividad, describiendo un conjunto de experimentos que involucraban moscas, mariposas y peces en un recipiente, efectuados a bordo de un navío cuando este se encontraba inmóvil. Tras describir esto, afirmó: «Haz que el navío avance a la velocidad que desees, siempre que el movimiento sea uniforme y no fluctúe de un lado a otro. No descubrirás el más mínimo cambio en todos los efectos mencionados, ni podrás determinar si el navío se está moviendo o permanece inmóvil».[23] De esta manera, Galileo sostuvo que el movimiento uniforme no altera el resultado de los experimentos.

Por supuesto, hubo influencias más contemporáneas. Los experimentos realizados en la década de 1880 por Albert Michelson y Edward Morley demostraron que la luz siempre viajaba a la misma velocidad y que esta no se veía afectada por la velocidad de la fuente emisora. El físico Hendrik Lorentz descubrió cómo se contraían las longitudes. El matemático Henri Poincaré también aportó muchos de los conceptos fundamentales de la relatividad especial. Pero Einstein ofreció una interpretación algo diferente y más amplia que todos ellos: reconoció que la teoría de la relatividad se aplicaba a toda la física, no solo al electromagnetismo o a la mecánica.

Dicho esto, Einstein reconoció que la teoría especial de la relatividad no era el final de la historia debido a una limitación fundamental (y definitoria): su enfoque se restringía a un caso «especial», el de la velocidad uniforme o constante, y no era lo suficientemente amplio como para abarcar movimientos más arbitrarios, específicamente movimientos acelerados. De esta manera, el alcance de la teoría quedaba artificialmente circunscrito a ciertos fenómenos del mundo natural y físico, sin poder pronunciarse sobre otros tipos de fenómenos dinámicos.

En 1907, mientras redactaba una monografía para la revista *Jahrbuch der Radioaktivität und Elektronik* (*Anuario de Radioactividad y Electrónica*), se percató de que «todas las leyes naturales, excepto la ley de la gravedad, podían tratarse dentro del marco de la teoría especial de la relatividad. Quería descubrir la razón de esto».[24] También estaba decidido a encontrar una forma de tomar el principio de relatividad que había establecido en el caso idealizado (en el que la aceleración no formaba parte del escenario) y generalizarlo a sistemas que no se encuentran en movimiento uniforme entre sí. Esto, ni que decir tiene, resultó ser una empresa formidable.

Más tarde, ese mismo año, Einstein afirmó que tuvo una revelación cuando se encontraba sentado en una silla de la oficina de patentes de Berna. Experimentó lo que a menudo se conoce como momento eureka: verse invadido, de repente, por una idea que más tarde describiría como «el pensamiento más feliz de mi vida». Lo que contempló fue esto: «Si un hombre cae libremente, no sentiría su propio peso». Continuando con esa línea de razonamiento, dijo: «Un hombre en caída libre está acelerado. Entonces, lo que siente y juzga está sucediendo en el marco de referencia acelerado. Decidí extender la teoría de la relatividad al marco de referencia con aceleración. Sentí que al hacerlo podría resolver el problema de la gravedad al mismo tiempo».[25]

El descubrimiento de Einstein se denomina principio de equivalencia, y recibe este nombre porque establece una equivalencia entre aceleración y gravitación. Un hombre que cae, por ejemplo, desde el tejado de una casa «no sentiría su propio peso», como expresó Einstein, ni existiría para él, al menos en su entorno inmediato, campo gravitatorio alguno. La razón es que el hombre en caída está acelerando, y esta aceleración contrarrestaría exactamente la sensación de peso que de otro modo sentiría debido a la gravedad.

Otra forma de entenderlo es imaginar a esta misma persona de pie en un ascensor cerrado. Si se sintiera atraído hacia el suelo, no tendría manera de saber si el ascensor estaba inmóvil y simplemente experimentaba la atracción de la gravedad, o si el ascensor estaba acelerando rápidamente hacia arriba en un entorno sin gravedad (como el espacio exterior). Del mismo modo, si soltara una piedra de su mano y esta terminara en el suelo, no podría saber si la piedra cayó bajo la influencia de la gravedad o si había permanecido inmóvil y fue alcanzada por un suelo en aceleración ascendente. Una vez más, ningún experimento podría realizarse para distinguir entre estas dos posibles interpretaciones.

Para llevar este análisis un poco más allá, la fuerza descendente que siente el hombre en un ascensor en reposo se debe estrictamente a su masa gravitacional, que refleja la intensidad de la gravedad que actúa sobre él. La fuerza descendente que siente en el ascensor que acelera hacia arriba se debe a su masa inercial, que refleja la resistencia de un cuerpo a ser movido o, inversamente, la rapidez con la que un cuerpo acelera cuando está sometido a una fuerza determinada. Einstein demostró, como otra forma de enunciar el principio de equivalencia, que la masa gravitacional siempre es igual a la masa inercial.

Einstein no fue ni la única ni la primera persona en explorar este camino. A finales del siglo XVI, por ejemplo, Galileo llevó a cabo experimentos en los que dejaba caer objetos desde la Torre de Pisa o hacía rodar bolas por un plano inclinado, pero la conclusión a la que llegó fue la misma en ambos casos: los objetos llegaban al suelo al mismo tiempo, independientemente de que tuvieran pesos diferentes o estuvieran compuestos de materiales distintos.

Einstein, sin embargo, necesitaba replantear el problema en términos que le resultaran familiares. Y una cosa que percibió al reconocer la equivalencia entre aceleración y gravedad es que, si lograba extender su teoría especial para incluir los movimientos acelerados, la teoría general sería, de hecho, una teoría de la gravedad.

Y eso es lo que se propuso hacer después de su feliz intuición de 1907. Pero la respuesta no llegó ni rápido ni fácilmente, reconoció Einstein: «Me llevó ocho años más obtener la solución completa».[26] Un gran obstáculo que tuvo que superar durante ese intervalo fue dominar numerosas técnicas matemáticas novedosas que nunca imaginó que le resultarían útiles. El físico Ivan T. Todorov resumió la situación de esta manera: «Para la Navidad de 1907, Einstein tenía en sus manos todas las consecuencias físicas de la futura teoría de la gravedad, pero aún le quedaban ocho años por delante y tuvo que solicitar la ayuda de matemáticos antes de llegar a la formulación matemática adecuada de la relatividad general».[27]

En 1908, Einstein recibió una ayuda inesperada por parte de una fuente sorprendente: Hermann Minkowski, que fue uno de sus profesores de Matemáticas en la Eidgenössische Technische Hochschule (ETH), universidad pública de investigación en Zúrich. Durante su etapa universitaria, Einstein se ausentaba a menudo de sus clases, incluidas muchas de sus conferencias, lo que motivó que el profesor lo describiera como un «perro perezoso que nunca se interesó por las matemáticas en absoluto».[28] Sin embargo, como la historia ha demostrado sobradamente, Einstein era cualquier cosa menos perezoso; simplemente tenía sus propias prioridades. Además, parece improbable que, a ojos de la posteridad, alguien viera con buenos ojos que el joven Einstein hubiera reorganizado sus prioridades, subordinando sus inquietudes intelectuales a obligaciones más convencionales como la asistencia puntual a clase, la toma meticulosa de apuntes y la entrega puntual de las tareas académicas.

A pesar de sus primeras impresiones sobre su antiguo alumno, el pensamiento de Minkowski se vio claramente estimulado por el artículo de Einstein de 1905 sobre la relatividad especial. En una conferencia pronunciada en septiembre de 1908 durante la octogésima reunión anual de la Sociedad de Científicos Naturales en Colonia, Alemania, Minkowski realizó esta audaz declaración: «A partir de ahora, el espacio por sí mismo y el tiempo por sí mismo retrocederán por completo para convertirse en meras sombras, y solo una especie de unión entre ambos permanecerá de forma independiente». Desarrolló esta idea en una conferencia independiente que impartió ante la Sociedad Matemática de Gotinga: «La idea central aquí es que el mundo espaciotemporal representa, de algún modo, una variedad no euclidiana de cuatro dimensiones».[29]

Al introducir la noción de un espacio-tiempo tetradimensional, Minkowski ofreció una descripción completa de la relatividad especial mediante la geometría, a la vez que establecía los cimientos para la teoría más amplia que estaba por venir: la relatividad general. El espacio y el tiempo adquirieron la misma relevancia en este nuevo marco conceptual. Un punto en el espacio-tiempo puede identificarse de manera unívoca especificando sus cuatro coordenadas (x, y, z, t), que indican cuándo y dónde está ocurriendo algo, cualquier cosa en realidad. Es comparable a quedar con un amigo en un edificio situado en la esquina de la calle 1 y la avenida 2, en el tercer piso, a las 16:00, con la certeza de haber proporcionado la información necesaria para un encuentro exitoso (aunque esto no determine cómo podría desarrollarse dicho encuentro hipotético).

Los efectos relativistas que antes parecían misteriosos resultaban más fáciles de entender cuando se observaban y se explicaban a través del marco de referencia que proporcionó

Minkowski, ya que eran esencialmente consecuencias geométricas de la unificación del espacio y el tiempo que él había logrado. Un punto en el espacio-tiempo, según su terminología, se denominaba suceso, y la distancia entre dos puntos (o sucesos) se llamaba intervalo espacio-temporal. Si una persona se encuentra en movimiento respecto a otra, cada una de ellas obtendrá valores diferentes para la distancia y el tiempo cuando se miden por separado, como consecuencia de los fenómenos previamente mencionados, tales como la contracción espacial y la dilatación temporal. Sin embargo, existe un aspecto en el que ambos observadores coincidirán plenamente: el intervalo o distancia en el espacio-tiempo tetradimensional.

Ese intervalo es una magnitud fundamental cuyo valor no cambia, independientemente del marco de referencia en el que se mida. Aunque el componente temporal y el componente espacial puedan variar de un marco a otro, la longitud total en el espacio-tiempo permanece constante. (Como analogía, considérese un vector: una magnitud, frecuentemente representada por una flecha, que queda completamente definida por su módulo y dirección, situada en el origen de un plano bidimensional x-y. Al rotar el vector, sus coordenadas x e y cambian continuamente, pero su longitud permanece invariable).

Minkowski proporcionó una fórmula sencilla para determinar la distancia entre dos puntos en el espacio-tiempo tetradimensional, que invierte el teorema de Pitágoras: el movimiento en la dirección del tiempo es negativo. Como expresó el físico Anthony Zee: «Imagina decirle a Pitágoras que el tiempo tiene algo que ver con invertir un signo en su fórmula mágica. Te habría tomado por loco, simplemente».[30]

En cualquier caso, esta es la fórmula en el espacio-tiempo tetradimensional de Minkowski para la distancia (s) entre dos puntos, o más precisamente el cuadrado de la distancia:

$$s^2 = (\Delta x)^2 + (\Delta y)^2 + (\Delta z)^2 - (c\Delta t)^2,$$

donde Δ (delta) representa el cambio en las coordenadas x, y, z y t al desplazarse de un punto a otro. El término ct (la velocidad de la luz multiplicada por el tiempo) representa en realidad una longitud. Además, si se eligen unidades «normalizadas», de modo que la velocidad de la luz, c, sea igual a uno, la fórmula se simplifica:

$$s^2 = (\Delta x)^2 + (\Delta y)^2 + (\Delta z)^2 - (\Delta t)^2.$$

El hecho de que se escriba un signo menos delante del término temporal es una de las razones por las que la geometría del espacio-tiempo de Minkowski no es euclidiana. Y, a diferencia de lo que ocurre en el espacio euclidiano, la hipotenusa de un triángulo rectángulo puede ser más corta que uno de sus catetos.

Imaginemos un diagrama simplificado donde la variable X representa conjuntamente las tres dimensiones espaciales en el eje horizontal, mientras que el eje vertical corresponde al tiempo. En este modelo, la distancia puramente espacial equivale a X, en tanto que la distancia en el espacio-tiempo tetradimensional viene dada por la expresión $s = \sqrt{|X^2 - t^2|}$, donde las barras verticales indican el valor absoluto, lo que garantiza que el resultado sea siempre positivo, con independencia de cuál de los términos, X^2 o t^2, sea mayor.

También sabemos que X, la distancia recorrida en el espacio, es la velocidad multiplicada por el tiempo. Para un rayo de luz, esa distancia (X) es ct, pero, como hemos establecido c igual a 1, $X = t$. En consecuencia, un rayo de luz con origen en el punto cero trazaría una trayectoria de 45 grados, pasando, por ejemplo, por el punto de coordenadas (1, 1). Sin embargo, como indica la fórmula abreviada anterior, la distancia recorrida por la luz en el espacio-tiempo, $\sqrt{|X^2 - t^2|}$, es siempre cero, dado que $X = t$. Y este hecho por sí solo demuestra que la distancia en el espacio de Minkowski difiere de la distancia en el espacio euclidiano.

Consideremos un punto D en el espacio-tiempo (X, 1), donde X es mayor que cero pero menor que uno. Podemos ver, utilizando la fórmula de distancia simplificada, que la longitud del segmento de línea AD es $\sqrt{|X^2 - t^2|}$. Para un valor positivo de X inferior a la unidad, este segmento resultará invariablemente más corto que el segmento de línea AB, cuya longitud equivale a 1. Este fenómeno contradice los principios fundamentales de la geometría euclidiana estándar, pues la hipotenusa de este triángulo rectángulo, AD, presenta una longitud menor que la del cateto AB del mismo triángulo.

De manera similar, podemos observar que la longitud de CD, que también es igual a $\sqrt{|X^2 - 1^2|}$, es más corta que BC, que también equivale a 1. Lógicamente, entonces, la longitud de la suma de AD y CD, o $2\sqrt{|X^2 - 1^2|}$, es menor que la distancia en línea recta de AC, que equivale a 2. De este modo, hemos demostrado que la distancia más corta entre dos puntos en el espacio-tiempo de Minkowski no se encuentra necesariamente a lo largo de una línea recta.

Una vez asimilado este concepto, numerosos aspectos de la relatividad especial adquieren sentido. Podemos emplearlo, por ejemplo, para esclarecer la denominada paradoja de los gemelos, uno de los ejemplos paradigmáticos en el estudio de la relatividad especial. Según se plantea habitualmente, el relato comienza con dos hermanos gemelos en la Tierra. Uno permanece en el planeta; el otro emprende un viaje en una nave espacial a una velocidad considerable (aunque necesariamente inferior a la velocidad de la luz). Al regresar a la Tierra, el gemelo astronauta descubre que su hermano ha envejecido notablemente durante su ausencia, mientras que él apenas ha experimentado el paso del tiempo. Esta predicción, aparentemente desconcertante, suele calificarse como paradójica, aunque en realidad no encierra contradicción alguna, como ilustra la figura de la página siguiente.

El hermano que permanece en la Tierra no se mueve y simplemente recorre la dirección temporal desde A hasta C. El gemelo astronauta toma un cohete de alta velocidad desde A hasta D y luego aborda inmediatamente otro cohete de alta velocidad que lo transporta desde D hasta C y de regreso a la Tierra. El viajero espacial envejece menos simplemente porque su trayecto a través del espacio-tiempo es considerablemente más corto. Cuanto mayor sea la velocidad de su cohete, más pronunciada será la disparidad temporal.

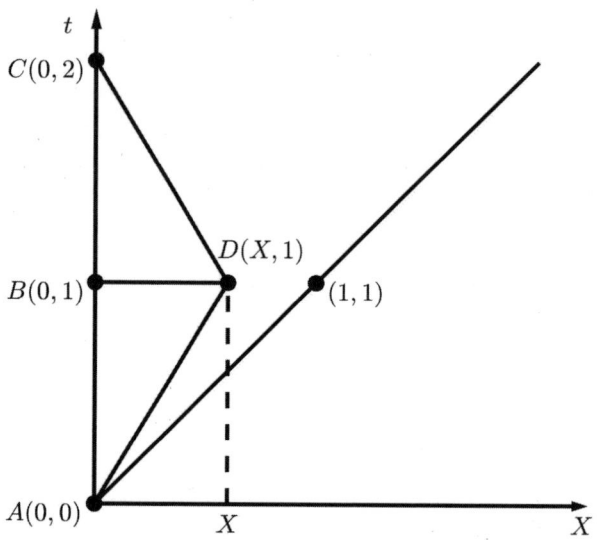

Un triángulo en el espacio-tiempo.

(No obstante, un análisis más riguroso revela que para que el hermano viajero regrese a la Tierra necesariamente tendrá que acelerar —o mejor dicho, frenar— en vez de mantener una velocidad constante. Este escenario escapa al dominio de la relatividad especial. Para comprender totalmente esta situación, ciertamente idealizada, es necesario recurrir a la teoría general de la relatividad, que contempla los movimientos acelerados).

Los dos gemelos empiezan en el mismo lugar y terminan en el mismo lugar, pero toman caminos muy diferentes a través del espacio-tiempo, y los relojes que llevan consigo en estos viajes reflejan esa disparidad. El hecho de que sus relojes midan tiempos diferentes, lo que a su vez se refleja en sus diferentes edades, no es más paradójico que decir que si dos hermanos condujeran de

Los Ángeles a San Francisco, uno por la sinuosa autopista de la costa del Pacífico y el otro por la mucho más recta Interestatal 5, sus respectivos cuentakilómetros medirían distancias diferentes, aunque tuvieran los mismos puntos de partida y de llegada.[31]

Volviendo a nuestra paradoja original, no tan paradójica en realidad, el hecho de que los gemelos envejezcan de manera distinta no resulta un gran misterio a la luz de la concepción de Minkowski. Es simplemente una consecuencia geométrica. Y como se aprecia en este ejemplo, la geometría también puede explicar el fenómeno de la dilatación temporal: si viajas, el tiempo se ralentiza, y cuanto mayor es tu velocidad, más despacio transcurre.

Además, Minkowski también introdujo el diagrama espacio-temporal, una representación geométrica para visualizar la estructura del espacio-tiempo. Recordemos de nuestra discusión anterior la fórmula simplificada de la distancia, $s^2 = X^2 - t^2$, donde X representa las tres coordenadas espaciales (x, y y z), y t, la dirección temporal (normalizada de modo que la velocidad de la luz, c, sea igual a 1). Cuando $X = t$, se obtiene una recta que forma un ángulo de 45 grados y pasa por el punto (1, 1) y, como indica la fórmula, la distancia desde el origen hasta cualquier punto de esta línea es cero. Este es el recorrido que la luz sigue siempre en el espacio-tiempo de Minkowski.

De modo análogo, podría trazarse otra recta que forme un ángulo de 45 grados, atravesando en este caso el punto (–1, 1). La luz que emana del origen y progresa en el tiempo recorrería la trayectoria en forma de V configurada por estas dos rectas a 45 grados. Si incorporáramos una segunda dimensión espacial (los ejes x e y, situando el eje t de manera perpendicular en sentido vertical) y posteriormente efectuáramos la rotación de dicha V alrededor del origen, el resultado sería una superficie conocida como cono de luz.

En el espacio-tiempo de Minkowski, todos los rayos de luz se desplazan por la superficie del cono de luz, moviéndose, naturalmente, a la velocidad de la luz. Estas trayectorias se denominan líneas de universo, término acuñado por Minkowski que designa los recorridos que cualquier objeto (incluidos los fotones) traza en el espacio-tiempo tetradimensional. Incluso si un objeto (como una partícula) permanece inmóvil en el espacio, seguirá describiendo un camino en el espacio-tiempo al avanzar en la dimensión temporal. Cualquier objeto que siguiera una trayectoria, o línea de universo, fuera del cono de luz viajaría necesariamente a una velocidad superior a la de la luz. Esto está prohibido en la relatividad especial (y general), pero resulta admisible en la mecánica newtoniana, donde no existen límites intrínsecos de velocidad.

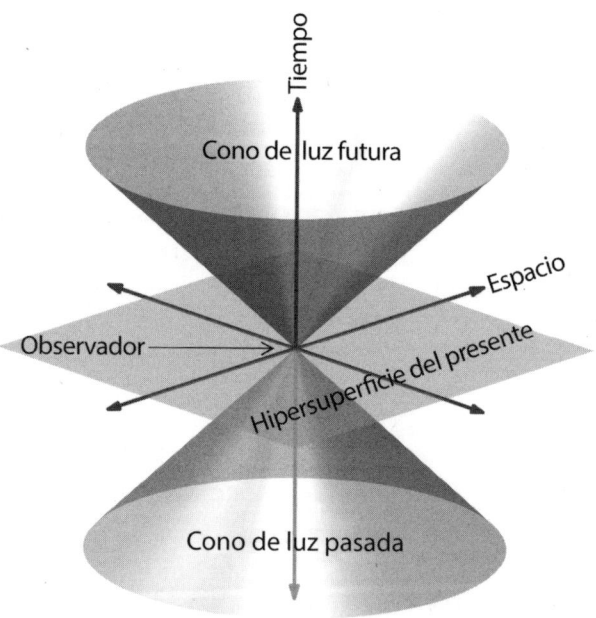

Un cono de luz.

Si —contrariamente a la formulación de Minkowski— se cambiara el signo negativo de la fórmula de la distancia por un signo positivo, el cono de luz dejaría de existir. Una partícula podría entonces desplazarse a cualquier velocidad imaginable, aunque, en nuestro universo, esto simplemente no es posible. Ninguna partícula puede moverse a velocidad superior a la de la luz, y únicamente las partículas sin masa pueden desplazarse a esta velocidad.

En otras palabras, el signo menos que Minkowski incorporó de manera tan particular en la fórmula de la distancia está, de hecho, según explicó el matemático Mu-Tao Wang, «relacionado con el carácter absoluto de la velocidad de la luz en la relatividad. En la gravedad newtoniana, el espacio y el tiempo son absolutos e independientes». Mientras que en la relatividad, el espacio y el tiempo están entrelazados, «y solo la velocidad de la luz es absoluta».[32]

Las ideas de Minkowski, como otros grandes saltos conceptuales, no lograron una aceptación inmediata, a pesar de que, al reformular la relatividad especial como una teoría tetradimensional, consiguió explicar fenómenos que antes no podían comprenderse con tanta facilidad. El gran matemático Poincaré, por ejemplo, no advirtió el valor de la reformulación de Minkowski. Aunque «sería posible traducir nuestra física al lenguaje de la geometría de cuatro dimensiones —afirmó Poincaré en 1908—, emprender tal traducción supondría un arduo trabajo con insignificantes resultados». Minkowski, sin embargo, sostuvo una perspectiva diferente, insistiendo en que el espacio-tiempo tetradimensional resulta esencial para una comprensión completa de las leyes físicas.[33]

Einstein, a quien a menudo se le atribuye erróneamente la invención del concepto de espacio-tiempo tetradimensional, tampoco quedó inicialmente impresionado con la contribución de Minkowski. La desestimó, calificándola de «erudición superflua»,[34] y se quejó ante un amigo de que «desde que los matemáticos han invadido la teoría de la relatividad, ya ni yo mismo la entiendo».[35]

Por supuesto, muchos científicos ven las cosas de manera diferente en la actualidad. El matemático (y físico matemático) Roger Penrose ha afirmado que la relatividad especial no constituía una teoría completa hasta que Minkowski demostró que se comprendía mejor en el contexto del espacio-tiempo tetradimensional.[36]

Sin embargo, en aquella época, Einstein y otros físicos recelaban de pronunciamientos como el que Minkowski había propuesto en 1908. «Einstein, al comienzo de su carrera, desconfiaba de las matemáticas y consideraba la formulación matemática de un suceso físico como la mera forma en que se describe un fenómeno, algo que no afecta a su esencia —explicó el matemático y físico Cornelius Lanczos—. Empleaba las matemáticas únicamente en la medida necesaria para hacer patente la esencia de la idea física».[37]

Como era previsible, Einstein logró formular su teoría de la relatividad especial en 1905 tratando el tiempo y el espacio tridimensional como entidades separadas, sin contar con las ideas que Minkowski presentaría tres años más tarde. Durante los años siguientes, siguiendo la línea de pensamiento que describió Lanczos, Einstein persistió en la búsqueda de interpretaciones tridimensionales de la gravedad. Sin embargo, esos intentos acabaron en un callejón sin salida. En 1912 comprendió que necesitaría adoptar un marco tetradimensional que incorporara el tiempo —así como algunos de los métodos matemáticos que Minkowski había utilizado— para avanzar en el desarrollo de una teoría gravitacional.

Esta comprensión puede parecer evidente ahora, considerando que, en un universo dinámico, donde la materia está en movimiento y su distribución cambia constantemente en el tiempo, una descripción adecuada de los campos gravitacionales requeriría necesariamente tres dimensiones espaciales y una temporal. Pero, hasta ese momento, no resultaba obvio ni para Einstein ni para muchos —si es que para alguno— de sus colegas. Sin embargo, podría afirmarse que el reconocimiento (tardío) por parte de Einstein de que el espacio-tiempo tetradimensional constituía el escenario apropiado y, de hecho, necesario para la relatividad general fue tan importante para la fundamentación de dicha teoría como lo fue su adopción del principio de equivalencia —su «pensamiento más feliz» de cinco años antes. Esta concepción, que englobaba la idea de que el espacio y el tiempo estaban plenamente conectados entre sí (y, como pronto veremos, también con la gravedad), podría haber sido incluso más trascendental.

Einstein rindió un homenaje tardío a su antiguo profesor en la introducción de un artículo de marzo de 1916 («The Foundation of General Relativity»), donde escribió: «La generalización de la teoría de la relatividad se ha facilitado considerablemente gracias a Minkowski, un matemático que fue el primero en reconocer la equivalencia formal entre las coordenadas espaciales y la coordenada temporal, y utilizó este concepto en la construcción de la teoría».[38]

Einstein demostró hasta qué punto había evolucionado su perspectiva respecto al trabajo de Minkowski en un libro de divulgación que publicó en 1916: «El profano en matemáticas experimenta un misterioso estremecimiento al oír hablar de cuestiones tetradimensionales, una sensación no muy distinta a la que provocan los temas ocultos. Y, sin embargo, no hay afirmación más común que la de que el mundo en que vivimos es un continuo espacio-temporal tetradimensional». Posteriormente añadió que, sin el marco proporcionado por Minkowski, «la teoría general de la relatividad... probablemente no habría superado su etapa infantil», haciendo referencia a una expresión que en algunas traducciones aparece como «no habría abandonado los pañales» o «no habría dejado las mantillas».[39]

Desafortunadamente, Minkowski no vivió lo suficiente para ver la plena aceptación de su trabajo. Tampoco tuvo la oportunidad de explorar una posibilidad que había planteado en 1908: extender la teoría de la relatividad para incorporar la gravitación.[40] Falleció de apendicitis en enero de 1909, menos de tres meses después de su célebre conferencia «Espacio y tiempo» pronunciada en Colonia. Poco antes de morir, Minkowski esbozó un método para construir una teoría gravitacional. Aunque no pudo desarrollar más esta idea, abrió un camino hacia ella. Resulta difícil saber hasta dónde hubiera llegado Minkowski de haber dispuesto de más tiempo, señaló el historiador de las matemáticas Leo Corry. «Lo que sabemos con certeza es que su elección de la formulación tetradimensional resultó absolutamente fundamental para la posibilidad de formular cualquier teoría relativista de la gravitación».[41]

No fue hasta 1912, o quizá algo antes según algunos historiadores, cuando Einstein reconoció que el espacio-tiempo tetradimensional constituía el escenario necesario para una teoría gravitacional, pero esto, por sí solo, no bastó para llevarlo a la meta. Ese mismo año llegó a otra conclusión fundamental, también anticipada por Minkowski: que necesitaría trascender la geometría euclidiana para alcanzar su objetivo.

Esta idea surgió de otro experimento mental que Einstein desarrolló mientras ejercía como profesor en la Universidad Alemana de Praga. Mientras la relatividad especial trataba sobre objetos con velocidad constante, en esta ocasión, bajo el intento de superar los límites de dicha teoría, Einstein consideró un objeto en movimiento acelerado, que no caía sino que giraba a velocidad elevada pero constante. Un sistema de este tipo (una rueda o el denominado disco de rotación rígida) experimenta una aceleración uniforme porque el movimiento de cada punto de la rueda (exceptuando su centro absoluto) cambia continuamente de dirección. Puesto que las reglas en movimiento se contraen en la dirección del movimiento, Einstein razonó que los radios de la rueda (y, por tanto, el radio del círculo, r) no se verían afectados por la contracción espacial, ya que su orientación es perpendicular al movimiento de la rueda. Sin embargo, la circunferencia, situada a lo largo de la dirección del movimiento, sí se contraería. En consecuencia, un principio fundamental de la geometría euclidiana —el hecho de que la circunferencia de un círculo equivale a $2\pi r$— dejaría de cumplirse. En otras palabras, la geometría de este sistema en aceleración resultaría no euclidiana.

Mientras que la geometría euclidiana, que describe el espacio plano donde las líneas paralelas nunca se intersecan, se denomina a veces geometría plana, la geometría no euclidiana corresponde al espacio curvo o espacio-tiempo curvo, donde las líneas paralelas pueden converger y, de hecho, convergen, como las líneas meridianas de un globo terráqueo que se encuentran en los polos norte y sur. Einstein comprendió, gracias al principio de equivalencia, que, si el movimiento acelerado podía conducir a una geometría curva, entonces la gravedad produciría necesariamente el mismo efecto. Integrando todos estos elementos, llegó a una conclusión lógica, aunque ciertamente extraordinaria: la geometría del espacio-tiempo en presencia de un campo gravitatorio no es euclidiana. Y avanzando un paso más descubrió que la gravedad no constituye una fuerza tal como la concibió Newton; la gravedad no es sino una consecuencia de la curvatura —o geometría— del espacio-tiempo.

Lo que esto significa es que los planetas de nuestro sistema solar recorren órbitas elípticas alrededor del Sol no por su atracción gravitacional, sino porque se desplazan a lo largo de una superficie, o espacio-tiempo, que ha sido curvada por el objeto más masivo: el Sol. La trayectoria seguida por estos planetas —y, de hecho, por cualquier objeto o partícula que actúe únicamente bajo la influencia de la gravedad— se denomina geodésica. La geodésica aparenta ser una línea recta en el espacio plano de Minkowski, pero las trayectorias determinadas por las leyes gravitacionales que Einstein estaba formulando pueden manifestarse de forma completamente distinta en un espacio-tiempo curvo. Puede, por ejemplo, representar la distancia más corta en la dimensión espacial, pero no en la dimensión temporal. «Ahora cada partícula del universo debe seguir la mejor trayectoria en este entorno curvo —explicó Anthony Zee—. Esto aclara por qué la gravedad actúa indiscriminadamente sobre cada partícula exactamente de la misma manera».[42]

Con esta revelación, Einstein había concebido un esquema conceptual para geometrizar la gravedad, de forma análoga a cómo Minkowski había geometrizado la relatividad especial. Sin embargo, el gran hallazgo de Einstein no marcó el final de la historia, sino simplemente un punto de inflexión. Ahora necesitaba cambiar de enfoque y encontrar una formulación matemática que explicara la conexión precisa entre la curvatura del espacio-tiempo y el efecto gravitatorio correspondiente. Ahí radicaba el problema. El camino por delante, explicó Einstein, «resultaba más espinoso de lo que cabría suponer porque exigía el abandono de la geometría euclidiana»,[43] y, para él, esto implicaba dejar atrás las matemáticas que conocía para adentrarse en el extraño y desconocido territorio del espacio-tiempo curvo.

Al carecer de formación en geometría no euclidiana, Einstein encontró grandes dificultades para avanzar en su programa. Sin embargo, comprendió que necesitaría nuevas herramientas teóricas (y matemáticas) para desarrollar una teoría que, como escribió en una carta de julio de 1912, «expresara la equivalencia entre masa inercial y gravitacional»,[44] condición fundamental que debía satisfacerse para transitar del ámbito de la relatividad especial a la general.

Por fortuna, contaba con un aliado al que recurrir: Marcel Grossmann, un antiguo compañero en la Escuela Politécnica Federal de Zúrich (ETH) que se había convertido en un destacado geómetra. Grossmann había ayudado a Einstein durante su etapa universitaria con ciertas cuestiones matemáticas, cuando la atención de Einstein se centraba en otros asuntos. Ahora, Einstein anhelaba fervientemente la ayuda de su amigo, pero no para resolver ejercicios académicos, sino para afrontar un desafío mucho más ambicioso.

«Debes ayudarme o perderé la razón», le suplicó.[45]

CAPÍTULO 2

EN BUSCA DE UN CAMINO GENERAL

E sto podría ser el argumento de una novela —escribió Jürgen Jost, director del Instituto Max Planck de Matemáticas en las Ciencias, con sede en Leipzig—. El protagonista es un joven matemático, tímido y enfermizo, que subsiste en precarias condiciones en una universidad alemana a mediados del siglo XIX».[1] Antes de ingresar en la universidad, su padre, pastor luterano, había instado a este joven a estudiar Teología en la Universidad de Gotinga. Sin embargo, tras asistir a algunas clases de Matemáticas, obtuvo el consentimiento paterno para cambiarse al programa de Filosofía y poder dedicarse a las matemáticas. No obstante, continuó estudiando la Biblia e incluso intentó, en cierto momento, demostrar la corrección matemática del Génesis, el primer libro de las Sagradas Escrituras.[2]

Tras doctorarse en Gotinga, nuestro protagonista comenzó a trabajar para obtener un título de habilitación, requisito indispensable para acceder a una cátedra en una universidad alemana. La tradición exigía que dicho aspirante propusiera tres temas para una conferencia. El matemático no tuvo dificultad para seleccionar los dos primeros, provenientes de áreas donde ya había realizado algunas contribuciones técnicas. El tercer tema de su lista poseía una naturaleza filosófica algo imprecisa, pero no se preocupó demasiado, puesto que la facultad casi siempre escogía una de las dos primeras opciones. En este caso, sin embargo, se le solicitó que disertara sobre la última opción, precisamente aquella para la que estaba menos preparado. A pesar de todo, su presentación no solo fue satisfactoria, sino que acabó transformando la historia.

El joven matemático en cuestión, Bernhard Riemann, demostró estar sobradamente capacitado para el desafío impuesto. El 10 de junio de 1854, ofreció una conferencia en su universidad con un título ciertamente ambicioso: «Sobre las hipótesis en que se funda la geometría». En su exposición, Riemann reveló una perspectiva completamente innovadora sobre la curvatura del espacio en dimensiones superiores, y de este modo estableció los cimientos de la geometría moderna, una parte esencial de la cual, la geometría riemanniana, ha resultado vital para la física teórica, además de mantener su trascendencia para las matemáticas. En los años transcurridos desde que Riemann se dirigiera al auditorio en Gotinga, señaló Jost, «las generaciones posteriores de matemáticos han desarrollado las ideas esbozadas en la breve conferencia, confirmando su plena validez y solidez, así como su extraordinario alcance y potencial».[3]

Las ideas de Riemann se adelantaron tanto a su época que su mentor académico, el eminente matemático Carl Friedrich Gauss, probablemente fuera el único entre los asistentes capaz de comprender y valorar plenamente su contenido. El propio Gauss había sido pionero en el estudio de las superficies no euclidianas y está considerado uno de los matemáticos más ilustres de la historia por sus contribuciones fundamentales a numerosas áreas matemáticas que siguen siendo objeto de estudio en la actualidad. Al igual que varios contemporáneos suyos de principios del siglo xix, se enfrentó al quinto postulado de Euclides, también denominado postulado de las paralelas. Dos líneas en un mismo plano se consideran paralelas si mantienen una constante distancia entre sí y jamás se intersecan. El quinto postulado establece, en esencia, que cuando un segmento de recta cruza dos líneas creando ángulos interiores cuya suma en uno de los lados es menor que dos ángulos rectos (inferior a 180°), dichas líneas, si se prolongan indefinidamente, acabarán convergiendo precisamente en ese lado donde la suma angular es menor. Dicho de manera más sencilla, las rectas no paralelas en un plano convergen eventualmente, mientras que las paralelas nunca lo hacen.

Durante generaciones, los matemáticos habían conjeturado que este postulado debía ser demostrable a partir de los cuatro axiomas previos establecidos por Euclides. Sin embargo, desde la Grecia antigua nadie había logrado tal demostración, lo que llevó a Gauss a plantearse una cuestión radical: quizá no fuera demostrable en absoluto. En sus reflexiones, consideró la posibilidad revolucionaria de concebir espacios o superficies bidimensionales en los que, sencillamente, el quinto postulado no se cumpliera. Su planteamiento era que no solo los objetos ubicados dentro de un espacio determinado podían ser curvos, sino que el propio espacio podía presentar curvatura. El estudio de tales espacios exigiría desarrollar una geometría más amplia y versátil, capaz de trascender la mera descripción de superficies planas y los fenómenos circunscritos a estas. Esta concepción «herética» quedó plasmada en una carta que Gauss dirigió en 1824 al matemático alemán Franz Taurinus. Posteriormente, Gauss profundizó en la exploración de la geometría no euclidiana, coincidiendo temporalmente con las investigaciones independientes realizadas por dos figuras igualmente visionarias en esta rama emergente de las matemáticas: János Bolyai y Nikolai Lobachevski.[4]

Todo esto puede sonar bastante abstracto, pero es probable que ya estés familiarizado con algunas características del espacio no euclidiano sin que te des cuenta. En la superficie de una esfera, las líneas longitudinales que podrían parecer paralelas acaban convergiendo (en los polos norte y sur), y la suma de los ángulos de un triángulo supera los 180 grados. Por el contrario, en una superficie bidimensional con forma de silla de montar (como un hiperboloide), las líneas aparentemente paralelas divergen, mientras que la suma de los ángulos de un triángulo es inferior a 180 grados. Esto contrasta, naturalmente, con un plano (euclidiano) donde las líneas paralelas permanecen equidistantes y los ángulos de un triángulo suman exactamente 180 grados.

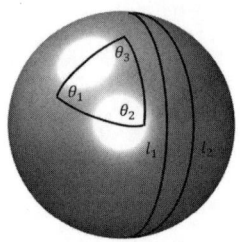 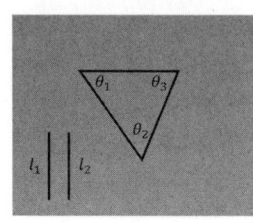 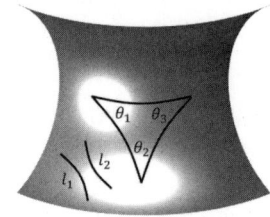

$\theta_1 + \theta_2 + \theta_3 > 180°$ $\theta_1 + \theta_2 + \theta_3 = 180°$ $\theta_1 + \theta_2 + \theta_3 < 180°$
Esférica (curvatura positiva)   Euclidiana (curvatura cero)   Hiperbólica (curvatura negativa)

Líneas y triángulos en superficies con curvatura positiva, cero y negativa.

De particular interés para Riemann fue la teoría de superficies que Gauss formuló en un artículo de 1827, conocido en inglés como «General Investigations of Curved Surfaces» («Investigaciones generales de superficies curvas»). En el siglo anterior, Leonhard Euler había sentado las bases del estudio de la curvatura superficial, pero las propiedades que identificó estaban condicionadas por la forma en que dicha superficie se aloja, o se incrusta, dentro del espacio tridimensional. El término *incrustación* se refiere aquí al modo específico en que una estructura matemática se integra en un espacio más general, comparable a cómo un círculo unidimensional se inscribe en la extensión bidimensional de un plano. En este trabajo posterior, Gauss introdujo el concepto de geometría intrínseca: la idea de que cada superficie posee una curvatura propia (posteriormente denominada curvatura gaussiana) con independencia de su posición o ubicación en el espacio. Una esfera presenta curvatura positiva mientras que una hiperboloide tiene curvatura negativa. Además, la curvatura intrínseca puede determinarse exclusivamente mediante mediciones realizadas sobre la propia superficie, sin necesidad de observaciones externas (o extrínsecas).

La propuesta de Gauss, expresada en su teorema egregio, establece que la curvatura de una superficie bidimensional puede determinarse completamente a través de mediciones de distancias y ángulos entre puntos de dicha superficie. Esta curvatura permanecerá constante incluso al doblar la superficie, siempre que no se estire, comprima o desgarre. Tampoco se verá afectada por cómo esté dispuesta la superficie en el espacio bidimensional o tridimensional.

Tomemos como ejemplo un cilindro de radio 1. Por simplicidad, podríamos visualizarlo como una lata sin tapa ni base colocada verticalmente sobre una mesa. Imaginemos un insecto en la lata, a media altura. Si el insecto se desplazara directamente hacia arriba o hacia abajo, seguiría una trayectoria recta con curvatura mínima (0). Si, en cambio, eligiera avanzar en dirección perpendicular, describiendo una trayectoria circular alrededor de la lata, recorrería el camino de máxima curvatura posible. (La curvatura de un círculo equivale a $1/r$, siendo r el radio de curvatura, que en este ejemplo tendría valor 1/1 o simplemente 1). La curvatura gaussiana en cualquier punto de una superficie es el producto de estas dos curvaturas principales, la menor y la mayor. Para una lata o cilindro abierto, el producto de las curvaturas principales en cualquier punto equivale a 1×0, lo que significa que la curvatura gaussiana de un cilindro es cero.

Dicho de otro modo, un cilindro es intrínsecamente plano, aunque pueda parecer curvo. Esta afirmación cobra sentido si consideramos que podemos tomar un rectángulo de papel plano y enrollarlo para formar un cilindro. Según Gauss, aunque un cilindro consiste en papel enrollado, su curvatura intrínseca es idéntica a la del papel plano (desenrollado), es decir, 0. Esto resulta coherente porque la distancia entre dos puntos cualesquiera del cilindro, medida sobre su superficie, permanece inalterada tanto si el papel está extendido sobre una mesa como si está enrollado en forma de tubo.

De manera similar, si nuestro cilindro estuviera fabricado con material flexible, como una manguera de jardín, podría curvarse hasta unir sus extremos, formando un anillo. Y este anillo mantendría la misma curvatura intrínseca que el cilindro o el papel plano: cero en todos los casos.

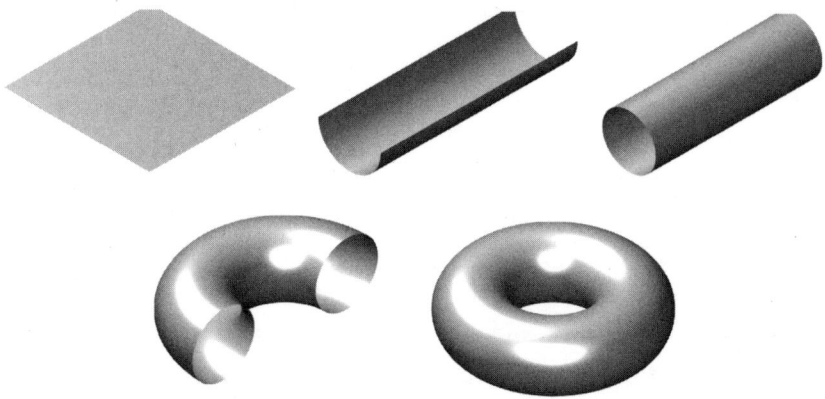

Un trozo de papel plano se transforma en un cilindro y luego en un anillo.

Una esfera bidimensional posee una curvatura intrínseca diferente. Imaginemos una esfera de radio 1, similar a un globo terráqueo. Si partimos de un punto en el ecuador, el viaje alrededor de este nos llevaría por una trayectoria de curvatura máxima, equivalente a 1. Desplazarse en dirección perpendicular, siguiendo un círculo que atraviese los polos norte y sur, implica también una trayectoria de curvatura 1. Este razonamiento es aplicable a cualquier punto de la esfera, lo que significa que su curvatura gaussiana es uniformemente 1×1 o simplemente 1.

La aparición de la curvatura gaussiana puede considerarse un punto de inflexión, si no el punto fundamental, en el desarrollo de la geometría moderna. Las concepciones de Gauss sobre las propiedades intrínsecas de los espacios curvos no euclidianos fueron revolucionarias y profundas, aunque limitadas a espacios bidimensionales. Extender este trabajo —hacia espacios de tres, cuatro o más dimensiones— representaba un reto extraordinario. Riemann lo resolvió en 1854 cuando elaboró la nueva geometría que acabaría llevando su nombre.

Un elemento central en la reformulación geométrica de Riemann fue el concepto de variedad, que introdujo para caracterizar un espacio de cualquier dimensión o, más precisamente, de n dimensiones arbitrarias. Casi seis décadas después, el matemático Hermann Weyl propuso una definición más rigurosa de variedad, cercana a nuestra concepción actual, en su obra de 1913, *The Idea of a Riemann Surface*. Una variedad, según la perspectiva contemporánea, es un espacio o superficie continua que parece plana, o euclidiana, a escala infinitesimal, pero que puede manifestar curvatura cuando se observa a mayor escala.

El planeta Tierra, por ejemplo, parece plano a escala reducida, pero adopta forma esférica cuando se observa desde el espacio exterior. Una esfera constituye un tipo especial de variedad, con curvatura constante y positiva en toda su superficie. Una variedad debe ser continua, sin grietas ni bordes angulosos o irregulares. De hecho, su continuidad queda garantizada por la condición de que cada pequeño fragmento parezca plano cuando se examina aisladamente. Sin embargo, una variedad no requiere curvatura uniforme. Esta puede variar gradualmente de un punto a otro y también modificarse según la dirección que, por ejemplo, un insecto elija recorrer desde determinada posición.

Cada punto de una variedad tetradimensional puede especificarse mediante cuatro coordenadas, y de manera análoga se necesitan n coordenadas para ubicar un punto en una variedad de n dimensiones. Riemann desarrolló una construcción, denominada tensor métrico, para determinar la distancia entre cualquier punto de la variedad y otro cercano. En un plano euclidiano, la distancia puede medirse directamente con una regla, o calcularse fácilmente mediante el teorema de Pitágoras. Sin embargo, en el espacio riemanniano de dimensiones superiores, donde la curvatura puede variar entre distintos puntos, el teorema pitagórico convencional no aplica. En consecuencia, calcular distancias en un espacio curvo se convierte en una tarea considerablemente más compleja, por lo que requiere una métrica que defina la función de distancia y facilite tales cálculos.

A partir de las mediciones proporcionadas por la métrica, puede determinarse la curvatura en cada punto del espacio. En cuatro dimensiones (la configuración apropiada para describir el espacio-tiempo en relatividad especial y general), el tensor métrico conforma una matriz de cuatro por cuatro, con dieciséis términos, de los cuales solo diez son independientes. Por tanto, se precisan diez valores para describir las propiedades espaciales en cada punto y caracterizar la curvatura del espacio en su conjunto. Toda esta información reside en la métrica, que indica la geometría espacial localmente, es decir, en un entorno reducido alrededor de un punto. No obstante, a partir de los cálculos de distancia que la métrica permite, puede determinarse la geometría espacial de forma global. Desde la perspectiva matemática, este tensor métrico ofrece una caracterización casi completa del espacio en cuestión.

El valor de los diez componentes tensoriales asociados a un punto específico puede variar según el sistema de coordenadas elegido, pero la distancia calculada entre dos puntos cualesquiera —mediante un procedimiento fundamentado en el teorema de Pitágoras— es independiente de dicha elección. Esto concordaba con la concepción riemanniana de que las leyes físicas y las propiedades significativas del espacio no deberían relacionarse con las coordenadas seleccionadas ni con el marco de referencia del observador. Esta característica inherente a las variedades riemannianas, denominada covarianza general, incorpora el principio de equivalencia tratado en el capítulo anterior, y adquirirá mayor importancia en nuestra posterior discusión sobre la gravedad.

El tensor de curvatura, derivable del tensor métrico, fue introducido por Riemann en la de 1854, y desarrollado posteriormente en un artículo que presentó en 1861 para un premio de la Academia de Ciencias de París (aunque no resultó ganador).[5] Riemann había advertido que, en variedades de dimensionalidad superior a dos, la curvatura resulta demasiado compleja para ser expresada mediante un único valor. El tensor de curvatura constituye, en cambio, una matriz elaborada de números y funciones (de cuatro variables) capaz de describir completamente, en formato compacto, la curvatura de variedades multidimensionales.

Este tensor se clasifica como de rango 4, indicado por cuatro índices o subíndices, letras que corresponden al número de direcciones y, por tanto, a la dimensionalidad de la matriz. El rango del tensor puede diferir de la dimensionalidad del espacio subyacente. Un tensor de rango r en un espacio de n dimensiones tendría n^r componentes. Así, el tensor de curvatura de Riemann en un espacio tetradimensional contendría 256 (4^4) componentes, veinte de ellos independientes y portadores de información distinta. Un tensor de rango 3 puede representarse como una matriz tridimensional que adopta forma cúbica. Una matriz rectangular, compuesta por filas y columnas con dos direcciones intrínsecas, constituye un tensor de rango 2 con dos índices correspondientes. Un vector, que por definición posee una única dirección, es un tensor de rango 1. Un número, o escalar, representa un tensor de rango 0; carente de índices o direccionalidad, solo describe la magnitud de una cantidad específica en un punto determinado.

La cualidad más notable (y más ingeniosa) del tensor de curvatura reside en que, pese a que sus componentes se modifican al cambiar los sistemas de coordenadas, el tensor se transforma de modo lineal y ordenado, lo que permite extraer información fundamental. Esta propiedad se alineaba con la visión de Riemann de que la física debería ser independiente de las coordenadas elegidas. Décadas más tarde, fue precisamente esta característica la que cautivó a Albert Einstein cuando buscaba formular una teoría de la gravitación fundamentada en el principio de equivalencia.

Con la creación del tensor de curvatura, Riemann despejó gran parte del misterio que envolvía a las variedades multidimensionales, anteriormente consideradas una especie de *terra incognita*. También proporcionó el marco matemático que, muchos años después, se aplicaría para comprender una variedad tetradimensional muy particular, representativa del espacio-tiempo que habitamos: nuestro universo.

No hace falta decir que Riemann fue un matemático excepcional, sin duda uno de los grandes genios del siglo XIX. Más allá de sus contribuciones fundamentales a la geometría, amplió el estudio de las ecuaciones polinómicas y aportó ideas cruciales al análisis complejo y real, la teoría de funciones y la teoría de números. Su famosa hipótesis sobre la distribución de los números primos, formulada en 1859, es considerada por muchos como el problema abierto más profundo de toda la matemática. Hoy, los matemáticos siguen desarrollando numerosos conceptos introducidos por este pensador genuinamente original.

Riemann no se limitó solo a las matemáticas. Se preguntaba cómo aplicar sus innovadores principios geométricos al espacio físico, al universo mismo. En su conferencia de 1854, mencionó «la realidad física que sustenta el espacio» y cuestionó «la validez de los axiomas geométricos en lo infinitamente pequeño». Para entender mejor el universo sugirió partir de las bases establecidas por Newton, libres de «prejuicios tradicionales» y sin restringirnos a «una visión demasiado estrecha de las posibilidades». Sin embargo, en su habilitación, esas preguntas tendrían que esperar: «Esto nos lleva al terreno de otra ciencia, la física, que las circunstancias actuales no nos permiten explorar».[6]

Adelantándose décadas a su tiempo, Riemann consideró la posibilidad de que la materia pudiera curvar la estructura del espacio. Incluso reflexionó sobre la idea de que nuestro espacio fuera, en realidad, una variedad curva. También soñaba con crear una teoría unificada que integrara las leyes de la electricidad, el magnetismo, la luz y la gravedad.[7] Pero su frágil salud le impidió realizar ese sueño. Riemann, enfermo durante toda su vida, murió de tuberculosis en 1866, con solo 39 años.

¿Qué habría pasado si hubiera vivido veinte años más y hubiera conocido los resultados de Michelson-Morley sobre la constancia de la velocidad de la luz? Posiblemente habría descubierto la relatividad especial, que encajaba naturalmente en su geometría, ya que estos experimentos demostraban que la velocidad de la luz era independiente de los sistemas de coordenadas y del movimiento relativo entre fuente y observador. Con su profunda comprensión de la covarianza y su relación con el principio de equivalencia, quizás habría desarrollado una teoría más general. Desafortunadamente, nunca tuvo esa oportunidad. Esas tareas serían abordadas cuatro décadas después de su muerte por otro científico, cuya historia veremos a continuación.

En agosto de 1912, Einstein llegó a Zúrich como director del departamento de Física Teórica de la ETH. Pero tenía otro motivo para regresar a su antigua universidad: su amigo Marcel Grossmann era profesor de Geometría allí, y Einstein necesitaba urgentemente ayuda en ese campo.

Einstein había comprendido que la geometría euclidiana no servía para la teoría de la gravedad que intentaba construir, donde los marcos de referencia en aceleración mutua son equivalentes.[8] Es decir, la teoría general que buscaba, a diferencia de la relatividad especial, no se limitaría a objetos con movimiento rectilíneo uniforme, sino que abarcaría todo tipo de movimientos, incluidos los acelerados con trayectorias curvas. Además, las ecuaciones que describen estos movimientos deberían ser idénticas para todos los observadores, no solo para aquellos en movimiento relativo uniforme.

Einstein se enfrentaba a un problema complejo sin conocer el marco no euclidiano que mejor se adaptaría a su teoría gravitacional. Buscaba específicamente una geometría con la propiedad de covarianza general, donde la elección de coordenadas resultara irrelevante para la física. Esto tenía mucho sentido, puesto que las coordenadas son meras etiquetas. Una parábola, por ejemplo, podría estar centrada en el origen de cierto gráfico. Si desplazáramos las coordenadas y el origen se moviera hacia un lado, la parábola en sí permanecería idéntica; solo cambiaría nuestra manera de etiquetarla. De forma análoga, la física de una situación no debería depender de las elecciones arbitrarias que hagamos sobre cómo denominar los fenómenos.

Einstein reconoció que tal propiedad era fundamental para que su nueva teoría mereciera el título de general, lo que significaba que las leyes gravitacionales serían idénticas para todos los observadores, independientemente de sus coordenadas o de si analizaban los acontecimientos desde marcos de referencia acelerados. Admitió que el desafío era desalentador, quizás el más difícil que había enfrentado, ya que describió el intento de expresar las leyes físicas sin coordenadas como «equivalente a describir pensamientos sin palabras».[9]

En ese momento, Einstein ignoraba que una geometría con estas características se había desarrollado décadas atrás. Consultó a Grossmann y, según el físico e historiador Abraham Pais: «Al día siguiente, Grossmann regresó y le informó de que, efectivamente, existía tal geometría: la geometría riemanniana». Sin embargo, le advirtió que las ecuaciones diferenciales de esta geometría no eran lineales, lo que podría suponer «un problema formidable en el que los físicos no deberían involucrarse».[10] Einstein no se dejó intimidar por esta advertencia, pues había concluido que las ecuaciones del campo gravitatorio debían ser no lineales por razones físicas, aunque resultaran difíciles de manejar.

Einstein comprendió rápidamente que la geometría riemanniana era «la herramienta matemática correcta —señaló Pais— y que esa súbita comprensión cambiaría su visión de la física y la teoría física para el resto de su vida».[11] También entendió que, al formular una teoría gravitacional, necesitaría combinar las ideas de Riemann sobre espacio curvo con el concepto de espacio-tiempo tetradimensional de Minkowski.

Aunque Einstein pudo aprovechar conceptos matemáticos preexistentes, la aplicación de la geometría riemanniana junto con la noción de espacio-tiempo no bastó por sí sola para darle la teoría que buscaba. El desarrollo completo de la teoría requeriría más de tres años adicionales de intenso trabajo.

El desarrollo de la geometría riemanniana no comenzó ni terminó con la conferencia de 1854, aunque casi sucedió así. Como Riemann no publicó su conferencia antes de morir, y Gauss falleció en 1855, «Riemann casi se llevó estas atrevidas ideas a la tumba», escribió el historiador matemático David E. Rowe.[12] Afortunadamente, el matemático Richard Dedekind se encargó de publicar la conferencia de Riemann en 1868. Un año después, el matemático Elwin Bruno Christoffel se basó en el trabajo de Riemann para desarrollar el tensor de curvatura de Riemann-Christoffel, que posteriormente se convirtió en el mecanismo estándar para representar la información de curvatura.[13] Los matemáticos italianos Gregorio Ricci-Curbastro y Tullio Levi-Civita profundizaron en estas ideas y crearon el análisis tensorial o cálculo tensorial, una metodología que Ricci denominó cálculo diferencial absoluto, para manipular tensores en una variedad riemanniana. Grossmann presentó estas herramientas a Einstein.

Ricci y Levi-Civita habían generalizado las ideas de Riemann, traduciéndolas a un formato tensorial aplicable en diversos contextos. Este formato resultó especialmente conveniente para escribir ecuaciones físicas en espacios curvos, algo que Minkowski advirtió mucho antes que Einstein. Minkowski no solo aportó la noción de espacio-tiempo tetradimensional y explicó su enorme importancia, sino que también reconoció y demostró que el espacio-tiempo se describía mejor mediante el cálculo tensorial, varios años antes de que Einstein llegara a esta conclusión.

Si bien la geometría riemanniana era fundamentalmente lo que Einstein necesitaba para describir el espacio-tiempo en la relatividad general, aún debía introducir una modificación esencial en cuanto a la métrica. En la geometría clásica de Riemann, la métrica es siempre definida positiva, lo que implica que la distancia entre cualquier par de puntos distintos de una variedad riemanniana es siempre positiva, reduciéndose a cero únicamente cuando ambos puntos coinciden. Sin embargo, en el espacio-tiempo de Minkowski, la distancia no siempre es positiva y, por tanto, su métrica se clasifica como indefinida, no como definida positiva. Por ejemplo, cualquier punto situado en el cono de luz se considera a distancia cero del origen, independientemente de cuán alejado esté en términos espaciales. Además, el desplazamiento en la dirección temporal, debido al signo negativo introducido en la fórmula de distancia, se computa como negativo, no como positivo, en el cálculo de la distancia total.

Parte de esto puede visualizarse observando la métrica del espacio-tiempo de Minkowski (donde el primer componente diagonal, correspondiente al tiempo, es negativo y los otros tres componentes diagonales, correspondientes a las direcciones espaciales x, y y z, son positivos):

$$\begin{vmatrix} -1 & 0 & 0 & 0 \\ 0 & 1 & 0 & 0 \\ 0 & 0 & 1 & 0 \\ 0 & 0 & 0 & 1 \end{vmatrix}$$

Si elegimos el sistema de coordenadas adecuado, la métrica del espacio euclidiano tetradimensional puede simplificarse a una matriz de unos y ceros. Esta resulta formalmente similar a la métrica del espacio-tiempo de Minkowski con una diferencia fundamental: en el caso euclidiano, el desplazamiento en la dimensión temporal se considera con magnitud positiva (en contraste con el valor negativo que le asigna la métrica de Minkowski).

$$\begin{vmatrix} 1 & 0 & 0 & 0 \\ 0 & 1 & 0 & 0 \\ 0 & 0 & 1 & 0 \\ 0 & 0 & 0 & 1 \end{vmatrix}$$

Estos números describen un punto con coordenadas para el tiempo, t, y tres ejes espaciales, x, y y z. En el ejemplo presentado, las coordenadas para t, x, y y z han recibido los valores $(1, 1, 1, 1)$, y la métrica nos indica la distancia entre ese punto y el origen $(0, 0, 0, 0)$. Si la métrica buscada es simétrica, como en este caso, resulta posible encontrar una forma de expresar las relaciones, una manera de orientar todos los ejes, por así decirlo, de modo que todos los elementos de la matriz sean 0 excepto aquellos situados en las diagonales. (Esto, en términos de álgebra lineal, equivale a encontrar la *base de referencia* adecuada). Para una métrica de este tipo especial (simétrica), la distancia puede calcularse con facilidad, mediante la simple suma de los elementos diagonales.

En el espacio euclidiano, la distancia, s, desde el origen hasta el punto etiquetado como $(1, 1, 1, 1)$ es la raíz cuadrada de la suma de los elementos diagonales:

$$s^2 = t^2 + x^2 + y^2 + z^2 = 1 + 1 + 1 + 1 = 4$$

$$s = 2.$$

De manera similar, en el espacio-tiempo de Minkowski, la distancia desde el origen hasta el punto en cuestión $(-1, 1, 1, 1)$ puede determinarse tomando la raíz cuadrada de la suma de los elementos diagonales:

$$s^2 = -t^2 + x^2 + y^2 + z^2 = -1 + 1 + 1 + 1 = 2$$

$$s = \sqrt{2}.$$

La relatividad general, como hemos establecido, supone una extensión de la relatividad especial desde el espacio-tiempo plano (Minkowski) hacia el espacio-tiempo curvo. El marco geométrico adecuado para esta teoría resulta ser una variedad lorentziana tetradimensional, denominada así en honor al pionero de la relatividad Hendrik Lorentz. Una variedad lorentziana constituye una síntesis entre los conceptos de Minkowski y Riemann. Mientras que una variedad riemanniana se asemeja localmente (es decir, a escala infinitesimal) al espacio euclidiano, una variedad lorentziana se aproxima localmente al espacio de Minkowski, caracterizado por un tipo distinto de planitud. Más específicamente, una variedad lorentziana representa una generalización de una variedad riemanniana (clasificada como variedad pseudoriemanniana) porque, al igual que sucede con el espacio-tiempo de Minkowski, no cumple la condición de definitud positiva. La distancia entre dos puntos cualesquiera de una variedad lorentziana no necesariamente debe ser positiva en todos los casos.

En consecuencia, la métrica de una variedad lorentziana, cuando se expresa en su forma más sencilla y simétrica, puede presentar nuevamente solo cuatro elementos diagonales: uno corresponde a la dirección temporal con signo negativo, y los otros tres, que corresponden a las direcciones espaciales, son positivos. Sin embargo, a diferencia de las métricas del ejemplo anterior, donde todos los elementos eran 1 o −1, los cuatro elementos diagonales de una métrica lorentziana no se limitan a ser simples números; pueden ser cuatro funciones, una con valores negativos y las otras tres con valores positivos.

Entonces, ¿cómo podría el tensor métrico indicarnos la distancia entre dos puntos, A y B, situados próximos entre sí en la misma curva? En cada punto a lo largo de esa curva, la métrica proporciona un valor numérico; dicho de otro modo, como se ha mencionado antes, define una función sobre esa curva. Si, mediante técnicas de cálculo, integramos esta función a lo largo de la curva desde

A *hasta* B, podemos determinar la longitud de dicha curva, que es precisamente la finalidad de una métrica.

No es casual que el espacio-tiempo de Minkowski (el escenario natural de la relatividad especial) constituya un caso particular de una variedad lorentziana tetradimensional (el marco natural de la relatividad general). Esto nos indica que la relatividad general se reduce a la relatividad especial en circunstancias específicas: cuando el espacio-tiempo es plano y cuando la gravedad y la aceleración no intervienen. Esta idea puede formularse de otro modo, que resulta ser una versión diferente y más robusta del principio de equivalencia presentado en el capítulo anterior: en un entorno reducido alrededor de cualquier punto del espacio-tiempo, o a lo largo de una geodésica, las leyes físicas se simplifican hasta convertirse en las de la relatividad especial. Esto nos remite a nuestra definición previa de variedad: debe ser plana en cada punto a escala local o infinitesimal. En este contexto, plano significa que se asemeja al espacio-tiempo de Minkowski en una pequeña región que rodea cada punto. Como consecuencia, los esfuerzos de Einstein para ampliar su teoría desde el ámbito limitado de la relatividad especial hasta el marco más general de la relatividad general tuvieron un paralelo exacto en el terreno geométrico: una transición desde el espacio plano de Minkowski hacia una variedad lorentziana curva, la cual representa una adaptación específica de una variedad riemanniana.

Tras seleccionar una geometría apropiada para el espacio-tiempo curvo, Einstein recurrió a los métodos matemáticos de Ricci y Levi-Civita. Sus técnicas ofrecían un procedimiento para diferenciar el espacio no plano, al tiempo que aseguraban que los resultados de esta diferenciación no dependieran de la elección de coordenadas. Este enfoque resultó ideal para formular las ecuaciones de campo de la relatividad general. Y en el núcleo de este planteamiento se encontraban los tensores. Debido a que los tensores poseen la propiedad de covarianza general, las expresiones matemáticas de la teoría de Einstein permanecerían inalteradas, o invariantes, bajo transformaciones arbitrarias de coordenadas. El marco de referencia podía trasladarse o rotarse en el espacio, pero la información codificada en un tensor, así como las relaciones entre sus componentes individuales, no se verían afectadas por tales cambios. Esto resulta coherente, puesto que el término covariante significa que elementos separados, como los componentes de un tensor, cambian conjuntamente, en lugar de no cambiar en absoluto, que es lo que denota la palabra invariante.

Un tensor de cuatro por cuatro contiene dieciséis elementos o funciones. A cada una de estas funciones se le pueden aplicar las herramientas del cálculo. Sin embargo, en un tensor, estas operaciones no deben realizarse individualmente en cada función, sino en todas ellas de manera simultánea. Esto exigía un nuevo tipo de cálculo, el cálculo tensorial, precisamente el que Ricci y Levi-Civita habían desarrollado.

Einstein reconoció que su enfoque había cambiado sustancialmente tras adoptar las herramientas del cálculo tensorial, al señalar que «el problema de la gravedad se redujo así a uno puramente matemático»,[14] una afirmación inimaginable cuando empezó a replantearse las leyes de la gravedad. De hecho, al principio de su carrera, Einstein declaró: «No creo en las matemáticas».[15]

Einstein explicó su nueva perspectiva en una carta de octubre de 1912 dirigida al físico Arnold Sommerfeld: «Me dedico exclusivamente al problema de la gravitación y ahora confío en superar todas las dificultades con la ayuda de un matemático amigo. Pero una cosa es cierta: jamás en toda mi vida he trabajado tan duro, además he adquirido un gran respeto por las matemáticas, cuyas partes más sutiles, en mi ingenuidad, hasta ahora había considerado puro lujo. En comparación con este problema, la teoría original de la relatividad es un juego de niños».[16]

En junio de 1913, Einstein y Grossmann, el ya mencionado «matemático amigo», publicaron conjuntamente el primer artículo importante sobre la relatividad general, un primer borrador que ahora se conoce como la teoría *Entwurf* (o esquema). El artículo, «*Entwurf Einer Verallgemeinerten Relativitätstheorie und Einer Theorie der Gravitation*» (Esquema de una teoría generalizada de la relatividad y una teoría de la gravedad), constaba de dos partes: la primera, centrada en la física, fue escrita por Einstein. La segunda, centrada en las matemáticas, fue escrita por Grossmann, que se encargó de resolver la geometría del espacio curvo de Riemann, que requería una teoría gravitacional.

Este primer borrador se acercó mucho a la versión «final» de las ecuaciones que Einstein entregó el 25 de noviembre de 1915. Al igual que la versión de 1915, el documento *Entwurf* muestra que la gravedad surge de la curvatura del espacio-tiempo. Incorporando el cálculo diferencial absoluto de Ricci y Levi-Civita, las ecuaciones de campo de este documento están escritas en términos de tensores, que constituyen los objetos fundamentales de estudio en la relatividad general. Los elementos de un tensor en la relatividad general codifican información sobre la distancia entre dos puntos cercanos en una variedad, sobre la curvatura de esa variedad en un punto concreto o sobre la densidad de energía o masa en una ubicación determinada en el espacio-tiempo. Las ecuaciones mostraron que la curvatura (o geometría) del espacio-tiempo está íntimamente ligada a la distribución de energía y masa.

Como se indica en el artículo, el tensor del campo gravitatorio ocupaba el lado izquierdo de la ecuación de campo del *Entwurf*, mientras que los tensores de materia y energía aparecían en el lado derecho. En este caso, el tensor del campo gravitatorio, g_{ij}, estaba representado por una matriz de cuatro por cuatro, con dieciséis funciones del espacio-tiempo:

$$
\begin{vmatrix}
g_{11} & g_{12} & g_{13} & g_{14} \\
g_{21} & g_{22} & g_{23} & g_{24} \\
g_{31} & g_{32} & g_{33} & g_{34} \\
g_{41} & g_{42} & g_{43} & g_{44}
\end{vmatrix}
$$

Sin embargo, $g_{ij} = g_{ji}$, por lo que el campo gravitatorio se caracteriza realmente por diez funciones espaciotemporales independientes en lugar de dieciséis, ya que seis de estas funciones corresponden a pares idénticos.[17] El propósito de utilizar el cálculo desarrollado por Ricci y Levi-Civita era garantizar que las ecuaciones fueran generalmente covariantes; es decir, que proporcionaran descripciones físicas válidas con independencia del sistema de coordenadas empleado. Dicho de otro modo, como la elección de coordenadas es completamente arbitraria —se seleccionan únicamente para facilitar el análisis o la descripción de la situación, no como una propiedad intrínseca del mundo natural—, un cambio de coordenadas no debería afectar a las propiedades físicas reales. Cabe destacar, además, que, cuando se modifican las coordenadas o los marcos de referencia, cada lado de una ecuación covariante también cambia, pero ambos lados se transforman exactamente de la misma manera.

En este punto, Einstein y Grossmann encontraron un obstáculo significativo. En su primer intento de 1913 no lograron formular ecuaciones completamente covariantes, y terminaron abandonando este objetivo, a pesar de que había constituido un principio fundamental de todo el proyecto. Como Einstein señaló en la parte I, la sección física del artículo: «Parece deducirse que las ecuaciones buscadas serán covariantes solo respecto a un grupo particular de transformaciones, grupo que, sin embargo, aún desconocemos».[18] La covarianza de las ecuaciones de campo del *Entwurf* resultó ser muy restringida.

Einstein recurrió entonces a argumentos físicos para justificar su fracaso y explicar por qué consideraba imposible la covarianza general. Él y Grossmann creyeron erróneamente que una teoría generalmente covariante no produciría resultados correctos en el «campo débil» o en el denominado límite newtoniano, por lo que no cumpliría el objetivo que Einstein perseguía: crear una teoría que se redujera a la ley gravitacional de Newton en situaciones de gravedad débil. Presentó explicaciones adicionales para justificar esta decisión, entre ellas su convicción de que el principio de conservación de energía y momento exigía que las ecuaciones de campo tuvieran una covarianza restringida y no general.[19] Einstein también sostenía que «una ley de la gravitación invariante respecto a transformaciones arbitrarias de coordenadas resultaba incompatible con el principio de causalidad». Posteriormente reconoció que las explicaciones propuestas eran erróneas: «errores de pensamiento que me costaron dos años de trabajo excesivamente arduo».[20]

La teoría del *Entwurf* presentaba otra deficiencia: no predecía correctamente el desplazamiento del perihelio de Mercurio, un factor determinante para la creación de una nueva teoría gravitacional.

Al aplicar la ecuación del *Entwurf*, Einstein y Michele Besso calcularon un avance del perihelio de 18 segundos de arco adicionales por siglo respecto al valor derivado de las leyes de Newton. Sin embargo, las observaciones astronómicas indicaban que el exceso debía ser aproximadamente de 43 segundos de arco por siglo, una diferencia considerable.

Einstein y Grossmann se habían aproximado en el artículo *Entwurf* «a un paso de las ecuaciones de campo generalmente covariantes de la teoría final», según expresó el historiador de la ciencia John Norton.[21] Pero no lograron formular ecuaciones completamente covariantes, en parte porque este objetivo resultó difícil de alcanzar y también porque, tras encontrar obstáculos, se convencieron de que no era necesario conseguirlo. «Nada resulta más sencillo para una mente brillante que elaborar argumentos plausibles de que lo que no puede hacer es imposible de realizar», señalarían posteriormente los filósofos e historiadores de la ciencia John Earman y Clark Glymour.[22] Abandonar el requisito de la covarianza general fue un error significativo, puesto que este principio había sido durante años la piedra angular de la teoría gravitacional que Einstein buscaba y el motivo principal para incorporar el formalismo matemático de Ricci y Levi-Civita.

Einstein tardaría más de dos años, con un esfuerzo extraordinario, en salvar la pequeña distancia a la que Norton se refería. Completaría esta etapa final de su recorrido por el espacio-tiempo sin mucho apoyo adicional de Grossmann. De hecho, su colaboración terminó conduciéndolos por un camino equivocado. Ambos firmarían como coautores un único artículo más, un trabajo colaborativo de 1914 donde afirmaban haber demostrado la imposibilidad de una teoría completamente covariante.[23]

Ese mismo año, 1914, Einstein se trasladó a Berlín tras aceptar una invitación del físico Max Planck para incorporarse a la Academia de Ciencias de Prusia, donde asumió la dirección del Instituto Kaiser Wilhelm de Física de la Academia. Allí, Einstein se encontró sin un colaborador matemático permanente, aunque seguía necesitando ayuda externa para dominar las matemáticas tensoriales y los principios de covarianza, que constituían los mayores obstáculos que enfrentaba. Comenzaría a trabajar con un nivel de dedicación sin precedentes en su vida, con una exigencia máxima, mientras avanzaba hacia un destino incierto, sin tener la seguridad de hallarse en la dirección correcta.

CAPÍTULO 3

LA OBRA MAESTRA

Tras despedirse de Zúrich y de Marcel Grossmann y establecerse en Berlín en 1914, Albert Einstein se encontraba en un punto muerto. Aunque sentía que estaba cerca de su objetivo, seguía sin hallar el camino definitivo hacia la teoría final. Trabajó con intensidad febril por su cuenta, aunque recibió apoyos decisivos durante el proceso. Una ayuda fundamental provino de Tullio Levi-Civita, con quien Einstein había iniciado una fructífera correspondencia. Sus intercambios comenzaron a principios de 1915, probablemente en marzo, después de que Levi-Civita detectara ciertos errores en un artículo sobre la relatividad general que Einstein había publicado en noviembre de 1914, particularmente en una expresión tensorial en el lado izquierdo de una versión preliminar de sus ecuaciones de campo.

Einstein emitió una respuesta cortés en su defensa, afirmando que, «tras una consideración exhaustiva, creo que puedo mantener mi prueba».[1] No cedió con facilidad. Continuó debatiendo con el matemático italiano durante al menos dos meses más, respondía a las objeciones de Levi-Civita con sus propias argumentaciones, aunque invariablemente eran refutadas por este último. En una carta del 5 de mayo de 1915, Einstein admitió finalmente que la prueba que había defendido con tanto vigor durante los últimos meses era «incompleta».[2] Una ventaja de este intenso debate fue, sin duda, el refuerzo de su comprensión del cálculo tensorial.

A pesar de su resistencia inicial, Einstein expresó su gratitud por estos intercambios en una carta a otro amigo: «Solo uno, Levi-Civita, en Padua, probablemente ha captado el punto principal por completo, porque está familiarizado con las matemáticas utilizadas. La correspondencia con él es inusualmente interesante; actualmente es mi pasatiempo favorito».[3] Einstein respetaba claramente las aptitudes matemáticas de Levi-Civita, y le confesaba: «Admiro la elegancia de su método de cálculo; debe resultar agradable cabalgar por estos campos sobre el caballo de las matemáticas verdaderas, mientras que los de nuestra condición tenemos que abrirnos camino laboriosamente a pie».[4]

El siguiente avance significativo en la formación matemática de Einstein se produjo tras aceptar una invitación de David Hilbert, considerado el matemático más destacado del mundo, para visitar Gotinga, entonces reconocida como el centro mundial de la investigación matemática. A finales de junio y principios de julio de 1915, Einstein impartió seis conferencias de dos horas sobre relatividad general.

En aquel momento, Einstein aún mantenía la covarianza restringida de las ecuaciones del *Entwurf*. En su correspondencia con colegas, manifestó su «gran alegría al convencer por completo a Hilbert y [Felix] Klein» de sus argumentos o, al menos, eso creía. Einstein expresó su admiración por Hilbert en particular, a quien calificó como «una figura importante»,[5] expresión que muchos consideraban un evidente eufemismo. Sin embargo, parece claro que las conversaciones de Einstein con matemáticos virtuosos como Hilbert y Klein acabaron por convencerle de que la ausencia de covarianza general en sus ecuaciones de campo (y en las de Grossmann) constituía una deficiencia fundamental. Debido a esto, y al hecho de que las ecuaciones del *Entwurf* (proyecto) no proporcionaban, al menos en su intento previo con Michele Besso, el valor correcto para la precesión del perihelio de Mercurio, finalmente reconoció que su trabajo estaba incompleto.[6]

Dos meses después de sus conferencias en Gotinga, Einstein supo que Hilbert se había propuesto reformular las ecuaciones de la teoría *Entwurf*, y de la gravitación en general, mediante un enfoque axiomático, es decir, partiendo exclusivamente de principios matemáticos. Como afirmó Hilbert en su artículo «The Foundations of Physics (First Communication)» (Los fundamentos de la física [Primera comunicación]), que presentó en una conferencia en Gotinga el 20 de noviembre de 1915 y publicó a principios de 1916: «Me gustaría desarrollar, esencialmente a partir de dos simples axiomas, un nuevo sistema de ecuaciones básicas de la física de belleza ideal».[7]

El enfoque de Hilbert se fundamentaba en el cálculo variacional, también conocido como cálculo de variaciones. Aunque su motivación exacta resulta difícil de determinar, parece probable que Hilbert vislumbrara un método mucho más directo para deducir las ecuaciones de campo —aprovechando el poder absoluto de su experiencia matemática— que el procedimiento de varios años seguido por Einstein, basado en cierta medida en el tanteo experimental. En una cita muy difundida, Hilbert pronunció la famosa frase: «la física es demasiado difícil para los físicos».[8]

Casi con total seguridad, Einstein se contrarió al saber que tenía un rival tan formidable. Al igual que había caracterizado inicialmente la incursión de Minkowski en la relatividad especial como «erudición superflua», también recelaba del enfoque de Hilbert, lamentándose en una carta a Hermann Weyl (antiguo alumno de Hilbert) de que basar las ecuaciones físicas exclusivamente en las matemáticas, sin apoyarse en ninguna aportación experimental, «parece infantil, como un niño que ignora las trampas del mundo real».[9] No obstante, Einstein reconoció las incuestionables aptitudes de Hilbert, lo que debió impulsarlo a acelerar sus esfuerzos para completar su propia versión de las ecuaciones del campo gravitatorio. Bajo esta presión, las piezas encajaron para Einstein durante el mes de noviembre, cuando elaboró cuatro artículos consecutivos, uno cada semana, en los que reflejaba la evolución constante de su pensamiento, probablemente estimulado por sus intercambios con Hilbert.

Durante octubre y noviembre de 1915, ambos mantuvieron una correspondencia frecuente, en la que se informaban mutuamente de sus avances. Y en las últimas semanas, entre el 7 y el 25 de noviembre, Einstein se carteó exclusivamente con Hilbert.[10] Independientemente de sus sentimientos hacia su rival, la influencia de Hilbert en Einstein fue profunda: «Queda bastante claro por la correspondencia de noviembre [entre Einstein y Hilbert] (y por cartas recientemente descubiertas de Max Born a Hilbert del otoño de 1915) [...] que la influencia competitiva de Hilbert fue crucial para la aceptación de la covarianza general por parte de Einstein, a pesar de sus reservas y sus dudas», comentó el físico Ivan Todorov.[11]

Se alcanzó un momento crucial en su artículo del 18 de noviembre, cuando Einstein anunció que el movimiento del perihelio de Mercurio podía explicarse mediante la última versión de su teoría de la relatividad general.[12] «Durante unos días, estuve fuera de mí de alegría y emoción», relataría Einstein posteriormente.[13] En una carta del 19 de noviembre, Hilbert le felicitó por este logro y por la rapidez de su cálculo sobre Mercurio. Naturalmente, Einstein no había partido de cero con este problema; simplemente revisaba el cálculo que él y Besso habían efectuado en 1913, y obtuvo esta vez un resultado de 43 segundos de arco por siglo para el cambio de orientación de la órbita elíptica de Mercurio, que coincidía estrechamente con el valor observado. Y exactamente una semana después, el 25 de noviembre de 1915, Einstein publicó su borrador definitivo de «The Field Equations of Gravitation» (Las ecuaciones de campo de la gravitación).

Hilbert había presentado su artículo, «The Foundations of Physics», el 20 de noviembre, cinco días antes, que contenía ecuaciones de campo casi idénticas. Los historiadores Jürgen Renn y John Stachel calificaron las contribuciones de Hilbert a la relatividad general como «un logro único e independiente. Parece que Hilbert había encontrado un camino real independiente hacia la relatividad general y más allá».[14] De hecho, Hilbert consideraba que su artículo iba «más allá» de la relatividad general. Además de reforzar las nuevas ideas de Einstein sobre el espacio, el tiempo y el movimiento, Hilbert escribió: «También estoy convencido de que, a través de las ecuaciones básicas establecidas aquí, los procesos más íntimos, hasta ahora ocultos, en el interior de los átomos recibirán una explicación; y, en particular, que generalmente debe ser posible una reducción de todas las constantes físicas a constantes matemáticas, con lo cual se vislumbra la posibilidad de que la física pueda transformarse, en esencia, en una ciencia análoga a la geometría».[15]

Sin embargo, la cuestión de la prioridad —quién fue el primero en formular correctamente las ecuaciones de la relatividad general— permanece considerablemente confusa, dado que algunos historiadores de la ciencia han argumentado que Hilbert realizó modificaciones significativas en ese artículo después de su presentación pero antes de su publicación el 30 de marzo de 1916.[16] El grado de asistencia que Einstein recibió de Hilbert, y Hilbert de Einstein, tampoco está claramente establecido.

«Dado que Einstein y Hilbert intercambiaron notas durante sus cuatro semanas de intensa actividad en el otoño de 1915, [sus] respectivas contribuciones han sido algo difíciles de entrelazar», escribió el astrónomo Martin Harwit, antiguo director del Museo Nacional del Aire y el Espacio. No obstante, Harwit considera que ambas partes se beneficiaron de estas interacciones, afirmando que «el enfoque de Hilbert influyó considerablemente en Einstein», mientras señala que «Hilbert siempre reconoció que fueron los conocimientos físicos de Einstein los que despertaron su propio interés en encontrar tal conjunto de ecuaciones».[17]

Aunque la cuestión no está completamente resuelta, ahora parece razonable hablar de la «teoría general de la relatividad de Einstein», dado que Einstein había elaborado la base física de esta teoría en su mayor parte de manera independiente, mientras que, al mismo tiempo, se refería a las «ecuaciones de campo de Einstein-Hilbert» como una especie de esfuerzo conjunto.

Así es como el físico Kip Thorne vio sus respectivas contribuciones a las ecuaciones de campo: «Hilbert había llevado a cabo los últimos pasos matemáticos hasta su descubrimiento de forma independiente y casi simultáneamente con Einstein, pero Einstein fue responsable de prácticamente todo lo que precedió a esos pasos».[18] En la frase final de su artículo, «Einstein and Hilbert», los historiadores John Earman y Clark Glymour proporcionaron una conclusión satisfactoria a la cuestión de la prioridad: «El reconocimiento de Hilbert de la innegable autoría de Einstein tanto del marco general como de las ideas centrales de la teoría puede explicar el hecho de que Hilbert nunca reclamara el mérito de la teoría general de la relatividad».[19]

A diferencia de la controversia de prioridad entre Newton y Leibniz sobre la invención del cálculo, que nunca se resolvió durante la vida de ninguno de ellos, Einstein y Hilbert lograron superar sus diferencias y continuar adelante. Por tanto, este análisis seguirá el mismo camino, centrándose en la sustancia real de las contribuciones paralelas de ambos científicos.

Los ocho años de intenso trabajo, tras el «pensamiento más feliz» de Einstein en 1907, cuando comprendió la importancia crítica del principio de equivalencia, pueden sintetizarse en una sola ecuación con apenas un puñado de términos, que apareció en su artículo del 25 de noviembre de 1915 (publicado el 2 de diciembre, exactamente una semana después):

$$R_{ij} - \frac{1}{2}Rg_{ij} = T_{ij}.$$

Esta ecuación puede expresarse de forma aún más sencilla designando al lado izquierdo completo de la ecuación

$$R_{ij} - \frac{1}{2} R g_{ij},$$

el tensor de Einstein, G_{ij}, de modo que toda la ecuación se reduce a

$$G_{ij} = T_{ij}.$$

Esto aparenta una sencillez engañosa. Debemos recordar (como se analizó en el capítulo anterior) que los subíndices, i y j, son en realidad variables que pueden adoptar cuatro valores diferentes (0, 1, 2 o 3), cada uno vinculado a una dirección o dimensión específica en el espacio-tiempo (o grado de libertad, según la terminología habitual en física y matemáticas). El valor 0 corresponde a la coordenada temporal, mientras que 1, 2 y 3 representan las coordenadas espaciales x, y y z, respectivamente. Principalmente, debido a que i y j pueden tomar cuatro valores, los componentes de los tensores mencionados son funciones tetravariables, lo que transforma esta ecuación aparentemente simple, de solo dos términos, en una estructura mucho más compleja de lo que sugiere inicialmente. Además,

$$R_{ij} - \frac{1}{2} R g_{ij} = T_{ij}$$

no es solo una ecuación, sino que, de hecho, son dieciséis ecuaciones cuando se introducen todas las combinaciones posibles de i y j, aunque solo diez de esas ecuaciones sean independientes entre sí.

Ahora analizaremos los términos de esta célebre ecuación, uno por uno, antes de examinar el significado global que emerge cuando se combinan adecuadamente.

Comencemos por R_{ij}, el tensor de Ricci (curvatura), derivado del tensor de curvatura de Riemann. Ricci introdujo este tensor a finales del siglo xix, mucho antes de la relatividad general y cuando nadie imaginaba su posible vinculación con la gravedad. Mediante un proceso que los matemáticos denominan contracción, Ricci logró descomponer el tensor de Riemann —clasificado como de rango 4, debido a sus cuatro subíndices— en sus elementos constituyentes, uno de los cuales es una versión simplificada (rango 2) llamada tensor de Ricci. Este posee dos índices o subíndices en lugar de cuatro, aunque sus componentes siguen siendo funciones tetravariables. En el espacio-tiempo tetradimensional, el tensor de Ricci no contiene toda la información de curvatura del tensor de Riemann; sin embargo, afortunadamente, incluye aspectos fundamentales que Einstein necesitaba. Además, presentaba la ventaja de resultar considerablemente más manejable que el tensor de curvatura completo.

En el artículo *Entwurf* de 1913, Grossmann señaló que el tensor de Ricci parecía la elección adecuada para el tensor gravitatorio, pero concluyó, erróneamente, que dicho tensor no reproduciría la teoría gravitacional de Newton en el límite de campos extremadamente débiles. Einstein coincidió con esta valoración, y las ecuaciones de campo resultantes —a partir de junio de 1913— no incorporaron el tensor de Ricci.[20] No fue hasta el 4 de noviembre de 1915, después de casi dos años y medio de intenso trabajo, con numerosos giros y cambios de dirección, así como algunas vías sin salida, cuando Einstein utilizó por primera vez el tensor de Ricci para representar la gravedad en sus ecuaciones de campo.[21] Este constituyó, naturalmente, un paso decisivo que le permitió alcanzar la forma definitiva de las ecuaciones tres semanas después.

El siguiente término en las ecuaciones de campo es R, el tensor de curvatura escalar, también conocido como escalar de Ricci. Se denomina escalar porque, en cualquier punto del espacio-tiempo, este tensor asigna un único valor numérico. La curvatura escalar es la propiedad de curvatura más elemental, o invariante, de una variedad riemanniana, y representa la generalización de la curvatura intrínseca bidimensional de Gauss a un número arbitrario de dimensiones.

El tensor de curvatura escalar deriva del tensor de Ricci y, de hecho, constituye una contracción del mismo. En consecuencia, contiene menos información sobre la curvatura que el tensor de Ricci, el cual proporciona, a su vez, solo una fracción de la información sobre la curvatura en comparación con el tensor de Riemann. El método mediante el cual el tensor de curvatura escalar contrae el tensor de Ricci y se reduce a un único valor resulta relativamente sencillo de explicar. Consideremos el tensor de Ricci como una matriz de cuatro por cuatro compuesta por dieciséis funciones. En cualquier punto específico del espacio-tiempo tetradimensional, al introducir las coordenadas correspondientes, cada una de estas funciones arrojará un valor numérico. En un sistema de coordenadas apropiado, denominado normal, la curvatura escalar (en una métrica de Lorentz) puede calcularse sumando los tres componentes espaciales situados a lo largo de la diagonal (que se extiende desde la esquina superior izquierda hasta la inferior derecha del tensor) y restando el componente temporal. Sin embargo, este procedimiento aparentemente simple funciona exclusivamente en un sistema de coordenadas especial, uno que podría ofrecer una forma conveniente de describir nuestro universo.

El tensor métrico g_{ij} describe las propiedades geométricas del espacio-tiempo, incluida su curvatura, en cualquier punto. Identificar los componentes de este tensor constituye, en esencia, la cuestión fundamental de la relatividad general, puesto que el efecto gravitatorio se deriva íntegramente de la curvatura o flexión del espacio-tiempo.

Esto abarca prácticamente el lado izquierdo de la ecuación, comprendido en el término general G_{ij}, el tensor de Einstein que representa la curvatura del espacio-tiempo.

Sorprendentemente, aunque el tensor de Einstein, $R_{ij} - \frac{1}{2}Rg_{ij}$, no apareció en la relatividad general hasta noviembre de 1915, esta misma expresión tensorial había surgido muchos años antes, en un contexto matemático completamente ajeno a Einstein o a la gravedad.

En artículos elaborados separadamente por tres matemáticos (Aurel Voss en 1880, Ricci en 1898 y Luigi Bianchi en 1902) se formularon las identidades de Bianchi contraídas, derivadas de forma independiente.[22] Estas identidades se relacionan con la denominada divergencia del tensor de Ricci.

La divergencia, en términos no técnicos, concierne a la cantidad de materia (ya sea carga eléctrica, materia, energía o incluso agua) que ingresa o sale de un espacio determinado. Voss, Ricci y Bianchi pensaban en términos vectoriales, intentando determinar si el flujo general de vectores dentro de una región específica se orientaba hacia el interior o el exterior (o no presentaba orientación alguna). En un espacio con divergencia nula no existe flujo neto en ninguna dirección. En otras palabras, la energía (o cualquier otra magnitud que se desee analizar) se conserva.

Estos matemáticos calcularon la divergencia del tensor de Ricci, R_{ij}, y descubrieron que resulta exactamente igual a la divergencia de $\frac{1}{2}Rg_{ij}$. Esta equivalencia implica, a su vez, que la divergencia de $R_{ij} - \frac{1}{2}Rg_{ij}$ (también denominado G_{ij}) debe ser nula. Esto constituye otra forma de expresar que el tensor de Einstein, G_{ij}, satisface la ley de conservación de la energía porque, con divergencia nula, ninguna energía neta puede abandonar o incorporarse al sistema.

Esta representaba una propiedad esencial que debía conocerse sobre el tensor de Einstein y sobre la versión del 25 de noviembre de 1915 de las ecuaciones de campo en su conjunto. Sin embargo, Einstein desconocía en aquel momento estos trabajos previos de Voss, Ricci y Bianchi, que tampoco habían captado la atención de sus contemporáneos, como Hilbert y Klein.[23] Parte de la explicación podría radicar en que las identidades de Bianchi, y las identidades de Bianchi contraídas derivadas de estas, no figuraban en la edición alemana de 1910 del compendio de conferencias de Bianchi.[24] Por cualquier motivo, Einstein no advirtió que el tensor que pronto llevaría su nombre ya había sido formulado por otros matemáticos, y le costó varios años de trabajo llegar a esa misma expresión.

Dado que los matemáticos habían demostrado que G_{ij} carece de divergencia, y puesto que Einstein probó posteriormente que $G_{ij} = T_{ij}$, podemos concluir que T_{ij} también debe carecer de divergencia. Dicho de otro modo, la conservación de la energía prevalece en ambos lados de la ecuación. (El hecho de que T_{ij} satisfaga la ley de conservación ya se conocía en la mecánica clásica, aunque tal afirmación no se expresaba entonces mediante tensores). Naturalmente, aún no hemos explicado qué representa T_{ij}, el lado derecho de esta célebre ecuación, por lo que este podría ser un momento oportuno para hacerlo.

Para comenzar, T_{ij} se denomina tensor de energía-tensión o tensor de energía-impulso. En los componentes de este tensor se encuentra abundante información sobre la densidad, el flujo y el impulso de la materia y la energía; en otras palabras, cómo se distribuyen y se desplazan la materia y la energía (de forma no gravitacional) a través del espacio-tiempo. La densidad, en este caso, puede expresarse de manera convencional, como gramos por centímetro cúbico. Esta magnitud sería nula en una región desprovista de materia, mientras que podría alcanzar valores extraordinariamente elevados en áreas (como el interior de una estrella de neutrones) saturadas de materia.

En principio, los astrónomos pueden recopilar suficientes datos experimentales para proporcionarnos una caracterización bastante precisa de T_{ij}. En una región de vacío, esta tarea resulta especialmente sencilla, pues T_{ij} equivale a cero. (En ese caso, la denominada ecuación de campo de vacío se simplifica a $G_{ij} = 0$).

La principal incógnita aquí es el tensor métrico, g_{ij}, y las ecuaciones ofrecen un marco para determinar su naturaleza, lo que revela así la cuestión de la curvatura que, a su vez, puede responder cualquier interrogante sobre la gravedad. Si se logran resolver las ecuaciones de Einstein (o de Einstein-Hilbert), lo cual, como veremos más adelante, constituye una tarea sumamente exigente, resulta posible determinar los componentes del tensor métrico. A partir de ahí, podría obtenerse el tensor de curvatura de Riemann, que contiene toda la información sobre la curvatura. El tensor de Ricci puede derivarse de este, y el tensor de curvatura escalar, a su vez, puede obtenerse del tensor de Ricci. De este modo, todas las piezas pueden, en teoría, encajar perfectamente.

En la práctica, sin embargo, la situación presenta mayor complejidad. Resulta que las ecuaciones de Einstein, por sí solas, no bastan para determinar completamente g_{ij}, ni para especificar todos los aspectos de la curvatura, aunque Einstein inicialmente pudiera haber pensado lo contrario. En cualquier situación dinámica, donde los elementos evolucionan temporalmente, también deben conocerse las condiciones iniciales, así como las llamadas condiciones de contorno. Un modelo simplificado de ambos conjuntos de condiciones sería una banda elástica tensada entre dos puntos fijos. La posición de estos puntos proporciona una indicación clara de las condiciones de contorno en este caso. Si después estiras la banda lateralmente hasta cierto punto, justo antes de liberarla, también conocerás las condiciones iniciales. Con esta información, puedes predecir con precisión las vibraciones de la banda elástica durante algún tiempo (aunque quizás no indefinidamente). En cuanto al universo, las condiciones iniciales y los orígenes de todo permanecen como un gran enigma, al igual que la naturaleza del límite mismo. Todavía desconocemos si el universo posee un límite real y, de no ser así, cómo se comporta asintóticamente al aproximarse al infinito.

Estas cuestiones se abordarán con mayor detalle, hasta cierto punto, en capítulos posteriores. No obstante, centrémonos de nuevo en el asunto principal: las ecuaciones de campo que Einstein formuló después de casi una década de esfuerzo:

$$R_{ij} - \frac{1}{2}Rg_{ij} = T_{ij},$$

o, de nuevo, en su forma abreviada,

$$G_{ij} = T_{ij}.$$

La ley de la gravitación universal de Newton, expresada en el lenguaje del cálculo diferencial y conocida como ecuación de Poisson para la gravedad, presenta una forma muy similar. Esto, desde luego, no es casualidad, puesto que Einstein pretendía, desde sus primeras formulaciones, generalizar la ley de Newton y mantener los logros de la teoría precedente. El lado izquierdo de la ecuación de Newton/Poisson constituye, en esencia, la segunda derivada de una función vinculada a la energía potencial gravitatoria, mientras que el lado derecho corresponde a una función que determina la densidad de masa en cualquier punto del espacio.

En cierto sentido, no dista tanto de $G_{ij} = T_{ij}$, si bien existe una diferencia verdaderamente significativa: la ley de Newton se expresa mediante una única ecuación diferencial compuesta por las denominadas funciones escalares. Al introducir, por ejemplo, las coordenadas x, y y z de un punto en el espacio, una función escalar devuelve un único valor numérico.

En lo que se denomina el límite newtoniano, donde la gravedad resulta extremadamente débil y el espacio-tiempo es prácticamente plano, la formulación de Einstein se simplifica hasta coincidir con la versión diferencial de la ley de Newton antes descrita. Sin embargo, en todos los demás casos, se requiere la riqueza y complejidad de la notación tensorial para describir la gravedad en el espacio-tiempo tetradimensional. Este fenómeno resulta comprensible cuando recordamos el arduo camino que Einstein recorrió para asimilar el lenguaje de los tensores, requisito indispensable antes de formular las ecuaciones del campo gravitatorio.

Al igual que en el artículo inicial de *Entwurf* de 1913, el lado izquierdo de su ecuación del 25 de noviembre de 1915 se vincula nuevamente con la curvatura del espacio-tiempo. Esta propiedad no puede determinarse mediante observaciones directas, pues resulta imposible situarse fuera de nuestro espacio-tiempo para medir su curvatura. La curvatura espaciotemporal solo puede establecerse de forma intrínseca, mediante la aplicación de principios geométricos, de manera similar a cómo Eratóstenes (hacia el año 200 a. C.), sin acceso a cohetes ni satélites, se apoyó en la geometría clásica y en razonamientos lógicos para calcular la curvatura terrestre. Y lo logró con una precisión notable.

El lado derecho de la ecuación (volviendo al contexto de principios del siglo XX) alude al movimiento y distribución de materia y energía, magnitudes para las que, en principio, pueden obtenerse evidencias empíricas. Quizás la transformación más significativa de 1913 a 1915 fue que las ecuaciones finales conservan una covarianza general (no meramente restringida), en concordancia con el principio de equivalencia, objetivo fundamental y directriz de Einstein desde el comienzo.

La expresión $G_{ij} = T_{ij}$ no constituye una simple abreviatura para diez ecuaciones independientes e interrelacionadas. Se trata de ecuaciones de una naturaleza muy particular —ecuaciones diferenciales parciales no lineales de segundo orden con cuatro variables independientes— que normalmente carecen de solución general. Sus soluciones solo pueden derivarse aproximadamente o en casos donde se establecen simplificaciones. (Este último aspecto, referente a casos especiales e idealizados resueltos posteriormente, se abordará en el próximo capítulo).

Estas ecuaciones, que conectan dos conceptos anteriormente considerados inconexos, confirman la premisa que Einstein había sostenido durante años: la curvatura del espacio-tiempo, o gravedad, viene determinada principalmente por la distribución de masa y energía, y viceversa. En su formulación, el primer miembro de la ecuación representa la geometría curva del espacio-tiempo, mientras que el segundo describe la distribución de masa-energía. Expresado de otro modo, las ecuaciones de Einstein revelan que lo que hemos denominado gravedad no constituye en absoluto una fuerza, sino una consecuencia directa de la curvatura del espacio-tiempo. Y dicha curvatura depende, en gran medida, de la distribución inicial de materia y energía (en el «tiempo cero», podríamos decir), de las variaciones y desplazamientos temporales (es decir, el impulso de materia y energía) y de la topología (o configuración general) del universo. En definitiva, son múltiples los factores que intervienen en la determinación de la curvatura espaciotemporal.

Pueden surgir efectos no lineales, tanto en matemáticas como en física, cuando las variables principales se influyen mutuamente con la profundidad que lo hacen en la gravedad. Así es como la no linealidad se incorpora en la relatividad general, lo que complica considerablemente el panorama. Los cuerpos masivos curvan el espacio-tiempo y esto genera lo que denominamos gravedad. Sin embargo, la gravedad constituye, en sí misma, una forma de energía que, como Einstein nos enseñó, es intercambiable con la masa ($E = mc^2$). La presencia de dicha energía puede provocar una curvatura adicional del espacio-tiempo, la cual crea así más gravedad o, como se denomina ocasionalmente, la gravedad de la gravedad. Existe, además, un efecto más sutil: si bien la materia puede ciertamente condicionar la geometría, esta última también puede interactuar consigo misma, incluso en un espacio-tiempo completamente desprovisto de materia, y la curvatura evolucionará a partir de ahí, conforme a esta interacción no lineal.

Resulta evidente, por tanto, que en el ámbito gravitatorio, como sucedía en la relatividad especial, el espacio y el tiempo no son meros escenarios pasivos donde acontecen las transacciones físicas. Por el contrario, actúan como participantes activos en el mundo físico, que se transforman y se distorsionan constantemente en respuesta a las cambiantes distribuciones de materia y energía.

La gravedad curva el espacio-tiempo y, en consecuencia, modifica su geometría. No obstante, los objetos que «caen» libremente bajo su influencia no responden a una fuerza externa. Simplemente recorren la trayectoria más corta y directa disponible a través del espacio-tiempo curvo, lo que para ellos equivaldría a un desplazamiento rectilíneo y descendente, y esto se cumple incluso cuando la trayectoria que describen resulta ser curva.

Einstein utilizó una analogía sencilla para explicar esta idea a su hijo de nueve años, quien le había preguntado por el motivo de su repentina fama: «Cuando un escarabajo ciego se arrastra sobre la superficie de una rama curva, no se da cuenta de que el camino que ha recorrido es realmente curvo —le respondió Einstein—. Tuve la suerte de darme cuenta de lo que el escarabajo no notó».[25]

Llegar a esa conclusión, como se ha indicado anteriormente, constituyó una experiencia agotadora. «A la luz del conocimiento alcanzado, el feliz logro parece casi algo natural, y cualquier estudiante inteligente puede comprenderlo sin demasiada dificultad», escribió Einstein en un artículo de noviembre de 1916, publicado un año después de su eventual triunfo. «Pero los años de búsqueda ansiosa en la oscuridad, con su intenso anhelo, sus alternancias de confianza y agotamiento y la aparición final a la luz, solo aquellos que lo han experimentado pueden entenderlo».[26] En su importante artículo, «The Foundation of the General Theory of Relativity», que fue presentado el 20 de marzo de 1916 y publicado en *Annalen der Physik* el 11 de mayo de 1916, Einstein le dio las gracias a su amigo Grossmann, quien «me ayudó en mi búsqueda de las ecuaciones de campo de la gravitación». Sin embargo, Einstein no siempre fue generoso en su reconocimiento de las contribuciones de Grossmann a este esfuerzo, pues comentó en una ocasión que Grossmann «solo me ayudó a guiarme a través de la literatura matemática, pero no contribuyó con nada sustancial a los resultados».[27] Grossmann, desde luego, hizo bastante más, ya que redactó la parte matemática del artículo *Entwurf*, significativa porque contenía los precursores de las ecuaciones de campo finales. Grossmann también merece reconocimiento por introducir el término tensor —en lugar de la terminología de Ricci y Levi-Civita, sistemas covariantes y contravariantes— así como por modificar la notación (en términos de subíndices y superíndices) utilizada para caracterizar los tensores con el fin de hacerlos más útiles tanto en matemáticas como en física.

Sin duda, Grossmann desempeñó un papel importante en este proceso, pero nunca trató de acaparar la atención. En cambio, aplaudió los esfuerzos de su amigo sin reservas y sin pretender ser nombrado en ningún caso codescubridor de la relatividad general. «Para una persona que presenció el primer y laborioso intento de Einstein en 1912 y 1913, como hicieron los autores de estas líneas, debe parecer el ascenso de una montaña inaccesible en la oscuridad de la noche, sin camino ni sendero, sin apoyo ni dirección —escribió Grossmann—. La experiencia y la deducción proporcionaron solo unos pocos e inseguros puntos de apoyo. Cuanto más alto, más valoramos esta hazaña intelectual».[28]

Además del trabajo de Grossmann, Einstein también reconoció a Gauss, Riemann, Christoffel, Ricci y Levi-Civita. Una persona a la que Einstein no reconoció fue a David Hilbert, con quien mantuvo una intensa rivalidad por la prioridad y quien, según afirmó Einstein en cierta ocasión, intentaba *nostrificar* (o plagiar) su teoría.

No obstante, el logro de Hilbert se alcanzó mediante un enfoque completamente distinto, y tanto Einstein como él no tardaron en resolver sus diferencias. Asimismo, el método que Hilbert empleó para deducir las ecuaciones de campo se considera actualmente casi tan relevante como el resultado que obtuvo, pues fue el primero en conseguir derivar con éxito las ecuaciones de campo de la relatividad general a partir del principio de mínima acción, también denominado principio de acción, un planteamiento directo y eficaz que se ha convertido en un recurso prácticamente omnipresente en toda la física contemporánea.

Los orígenes de este principio se remontan a Euclides o Arquímedes, quienes establecieron que, en un plano, la distancia más corta entre dos puntos es una línea recta. El matemático francés Pierre de Fermat desarrolló este concepto a mediados del siglo XVII cuando propuso lo que ahora conocemos como principio de Fermat: entre todos los recorridos posibles que la luz puede seguir para desplazarse de un punto a otro, siempre toma aquel que requiere menos tiempo.

Los físicos necesitaron cierto tiempo para formular un principio equivalente que gobernase las ecuaciones del movimiento de las partículas materiales, las cuales, a diferencia de la luz, no están obligadas a desplazarse a velocidad constante. Para ello fue preciso introducir un concepto más general denominado acción, capaz de representar cualquier magnitud (distancia, tiempo, curvatura o algún tipo de función) que se pretenda minimizar o, en determinados casos, maximizar. En cualquier circunstancia, se busca hallar un valor extremo, ya sea mínimo o máximo. Los matemáticos Gottfried Leibniz, Leonhard Euler y Pierre Louis Maupertuis contribuyeron al principio de mínima acción durante la primera mitad del siglo XVIII, pero, en la última parte de esa centuria, el matemático Joseph-Louis Lagrange reformuló el principio de acción bajo una forma aún más general y ampliamente aplicable, con la firme convicción de que sus métodos situaban la mecánica —disciplina referida al movimiento de los objetos físicos— en el ámbito de las matemáticas puras.

En el formalismo de Lagrange, la acción, representada por S, corresponde a la integral de una función denominada lagrangiana, cuyos mínimos y máximos se determinan mediante el cálculo de variaciones, que Euler y, posteriormente, Lagrange desarrollaron considerablemente. Del mismo modo que Newton tuvo que crear el cálculo, un nuevo campo matemático, para expresar su segunda ley en un lenguaje matemático preciso, Lagrange requirió el cálculo de variaciones para pasar de una mera expresión de la acción a la obtención efectiva de las ecuaciones de movimiento asociadas. Esta rama matemática se centra en la búsqueda de valores adecuados para parámetros que, a su vez, puedan proporcionar soluciones con valores críticos, incluidos valores mínimos o máximos. El cálculo de variaciones permite resolver, entre otros, los denominados problemas isoperimétricos, cuyo estudio se remonta al matemático griego Zenodoro (siglo II a. C.), como el de determinar qué figura plana con un perímetro dado encierra la máxima área posible. La solución, como él demostró, resulta ser el círculo.[29] Este cálculo también puede afrontar problemas más complejos y de mayor dimensión, como encontrar un sólido con la menor superficie para un volumen dado o hallar los máximos y mínimos de funciones más generalizadas.

Como explicó el físico Cumrun Vafa: «El cálculo de variaciones es más complicado que encontrar los mínimos de una función de un número finito de variables porque hay infinitos caminos que conectan dos puntos en el espacio. Así que, en cierto sentido, es equivalente a encontrar el mínimo de una función (la acción) de infinitas variables (que constituyen el espacio de todos los caminos). Los físicos podrían [entonces] utilizar el cálculo de variaciones para elegir la trayectoria de mínima longitud posible».[30] Una vez que se ha identificado la trayectoria que seguirá una partícula y se conoce su desplazamiento a lo largo del tiempo, se puede determinar su velocidad y aceleración y, a partir de ahí, calcular las ecuaciones del movimiento.

A efectos de la mecánica, Lagrange definió el lagrangiano, L, como la energía cinética de la partícula, K, menos su energía potencial, V, a medida que la partícula se mueve con el tiempo de un punto del espacio a otro. La acción, al ser una integral, es simplemente la suma de los lagrangianos en cada punto del recorrido de la partícula a través del espacio y el tiempo.

Si el lagrangiano, L, se elige como $K - V$, entonces la acción, S, es igual a la integral de L en el tiempo:

$$S = \int L\, dt = \int (K - V)\, dt.$$

Hay infinitas formas en que una partícula puede moverse de A a B. Encontrar el valor mínimo de S es equivalente a encontrar el camino de menor energía, y eso, presumió Lagrange, es el camino que una partícula tomaría inevitablemente. Partiendo de esa base, se podrían generar las ecuaciones del movimiento de una partícula y, de ese modo, derivar la famosa segunda ley del movimiento de Newton: la fuerza es igual a la masa por la aceleración, $F = ma$. El enfoque utilizado por Newton para describir la trayectoria de una partícula se fundamenta principalmente en el cálculo diferencial, el cual se centra en las variaciones de las magnitudes físicas, como la velocidad, cuando una partícula se desplaza de un instante y una posición espacial a los siguientes. La trayectoria global de la partícula se establece a partir de sucesivas evaluaciones diferenciales (pequeños ajustes iterativos) de este tipo, ejecutadas en cada etapa del recorrido. Al recurrir al principio de acción, se adopta una perspectiva distinta y más integral, mediante la integración de una única magnitud (la acción) para explicar por qué una partícula debe seguir determinada trayectoria en lugar de otra.

Hilbert, como se ha señalado previamente, optó por el segundo método, en muchos aspectos más sencillo y directo. Evidentemente, no pretendía reproducir la segunda ley de Newton aproximadamente doscientos cincuenta años después de que Newton ya la hubiera establecido. Hilbert, dedicado como estaba a la relatividad general y su espacio-tiempo curvo, necesitaba, por tanto, seleccionar para minimizar —o extremar— una acción diferente de expresiones clásicas como $L - V$. Y no se trataba simplemente de minimizar el tiempo, como hizo Fermat al describir el recorrido de un rayo de luz, ni de minimizar la longitud hallando la distancia más corta entre dos puntos de un plano. El objetivo de la relatividad general consiste en determinar cómo una distribución dada de materia y energía afecta, y literalmente curva, el espacio-tiempo. Por consiguiente, la acción que Hilbert eligió para extremar debía involucrar la curvatura del espacio-tiempo, aunque aún estaba pendiente la cuestión de seleccionar la expresión correcta de curvatura que debía utilizarse.

Para tomar esta decisión, Hilbert recurrió a su profundo conocimiento de la teoría de invariantes, campo que se originó esencialmente con el trabajo del matemático Arthur Cayley en la década de 1840, aunque el propio Hilbert realizó importantes contribuciones en esta área algunas décadas después. Un invariante, recordemos, es una propiedad inherente a un objeto matemático que permanece inalterada, incluso tras someterse dicho objeto a repetidas transformaciones. En el contexto de una teoría gravitacional, Hilbert sabía que solo existían dos invariantes que variaban linealmente con el tensor de curvatura de Riemann, lo que significa que, si el valor de uno cambiaba, el otro lo haría en una cantidad proporcional. Un invariante es el mencionado tensor de curvatura escalar, R, y el otro corresponde a una función constante que mantiene idéntico valor en todos los puntos del espacio. El tensor de curvatura escalar resultó ser la elección adecuada para Hilbert, así como el invariante más simple que podía emplear para este propósito.

Hilbert postuló que, en este caso, el lagrangiano, L, debía igualarse a R. La acción es entonces, fundamentalmente, la integral de la curvatura escalar sobre el espacio y el tiempo, y a partir de ahí utilizó el cálculo de variaciones para obtener las mismas ecuaciones de campo que Einstein había alcanzado mediante otros métodos más indirectos (y también más laboriosos) que le resultaban familiares y que le habían sido útiles anteriormente. Como señaló el físico David Garfinkle, «primero hay que estar convencido de que las ecuaciones de la física y las leyes de la naturaleza se derivan de un principio de acción» para considerar seguir la ruta de Hilbert.[31] Esto puede parecer evidente hoy en día, argumentó Garfinkle, pero hace más de cien años, cuando Hilbert dirigió su atención y talento hacia la relatividad general y depositó su confianza en el principio de acción, tal convicción no gozaba de una amplia aceptación.

Una persona que compartía el enfoque de Hilbert era la matemática Emmy Noether. En 1915, Hilbert y Klein la invitaron a Gotinga para investigar, entre otras cuestiones, cómo se integraba el concepto de conservación de la energía con las nuevas ecuaciones de la gravedad. Concretamente, Noether examinó una afirmación realizada por Hilbert según la cual la conservación de la energía poseía un estatus diferente en las teorías generalmente covariantes respecto a aquellas que no lo son.[32]

Antes de describir lo que hizo Noether para confirmar la afirmación de Hilbert —y para mostrar por qué la conservación de la energía en la relatividad general opera de manera diferente a como lo hacía en teorías físicas anteriores—, conviene destacar este hecho notable: de todas las personas que Hilbert (quien probablemente era el mejor matemático vivo en aquel entonces) y Klein (un matemático de renombre mundial por méritos propios) podrían haber invitado a Gotinga para estudiar este tema, la escogieron a ella. Einstein (probablemente el mejor físico de su época) también agradeció la ayuda de Noether en un problema con el que él, Hilbert y Klein aún estaban trabajando. Le expresó a Hilbert en una carta del 30 de mayo de 1916 «que entiendo todo en su artículo excepto el teorema de la energía. Por supuesto, sería suficiente si le pidiera a la señorita Noether que me lo aclarara». Esta carta y una nota anterior de Hilbert a Einstein demuestran que ambos científicos reconocían la pericia de Noether en este campo, una confianza que, según parece, estaba plenamente justificada.[33]

Lo que confería un carácter particularmente asombroso a su elección era que, por aquel entonces, Noether carecía por completo de posición académica en el ámbito matemático y apenas había tenido oportunidad de recibir formación reglada en esta disciplina. Durante su juventud universitaria, alrededor de 1900, las instituciones académicas alemanas mantenían una prohibición absoluta respecto a la admisión femenina, lo que obligó a Noether a contentarse con la mera asistencia a clases en calidad de oyente. Este veto institucional, que había marginado sistemáticamente a las mujeres de los círculos académicos, fue atenuándose solo algunos años más tarde. Tras formarse por su cuenta, Noether fue admitida en 1904 en un programa de posgrado en Matemáticas en la Universidad de Erlangen, donde obtuvo su doctorado apenas tres años más tarde. Noether trabajó en Erlangen durante los siguientes ocho años sin remuneración ni cargo oficial. Cuando finalmente llegó a Gotinga en 1915, ejerció como profesora, de nuevo sin remuneración, hasta su nombramiento como profesora asociada de Matemáticas sin plaza fija en 1922.

Sin embargo, por muy poco generoso que el mundo académico hubiera sido con ella, Noether no escatimó en sus contribuciones a las matemáticas, especialmente al álgebra abstracta, su principal área de estudio, y a la física. Noether abordó la afirmación de Hilbert sobre el funcionamiento diferencial de la conservación de la energía en una teoría generalmente covariante, y la confirmó en un artículo de 1918 titulado «Invariant Variational Problems», que dedicó a Klein, según sus propias palabras, para celebrar el quincuagésimo aniversario de su doctorado.[34]

El artículo de Noether contenía dos teoremas fundamentales. Comenzaremos por el segundo teorema, el menos conocido de ambos, porque es el que guarda mayor relación con el problema de la conservación de la energía. En su análisis formuló lo que actualmente se denomina su primer teorema, o simplemente el teorema de Noether, una contribución que ha tenido, por expresarlo con contención, repercusiones extraordinarias.

El segundo teorema de Noether estableció fundamentalmente que la energía en la relatividad general solo se conserva cuando se adopta una perspectiva global, es decir, cuando se observa un sistema desde una gran distancia (desde el infinito). La conservación convencional de la energía, donde un observador se sitúa en el propio sistema o en sus inmediaciones, no se cumple en la relatividad general, a diferencia de lo que ocurría en teorías físicas anteriores, como el electromagnetismo, puesto que debe tenerse en cuenta no solo la energía cinética y potencial de la materia, sino también la energía acumulada en el propio campo gravitatorio. Además, el valor de esta última contribución variará según la posición de los distintos observadores cercanos, lo que supone que no existe una única respuesta «correcta». A su vez, cualquier medición de este tipo se vería complicada por el constante intercambio energético entre la materia y el campo gravitatorio. Como resultado, la energía solo se conserva cuando se considera, desde la lejanía, la energía total —procedente tanto de la materia como de la gravedad— confinada dentro de una región aislada del espacio.

He aquí una forma sencilla de concebir su descubrimiento: imaginemos un cubo de agua en un desierto durante una jornada calurosa y soleada. Si limitamos nuestra observación al cubo, entonces el agua que contiene no se conservará, pues parte de ella se evaporará inevitablemente. Sin embargo, si examinamos un volumen espacial lo suficientemente amplio que abarque el cubo, el agua contenida y toda el agua evaporada en el aire circundante, entonces se mantendrá constante la cantidad total de agua (tanto en estado líquido como gaseoso). De manera análoga, cuando se contempla una región del espacio desde una gran distancia, también se conserva la energía total presente en forma de materia y campo gravitatorio.[35]

El hallazgo de Noether resolvió así las cuestiones planteadas por Hilbert y otros científicos sobre el funcionamiento de la conservación energética en las ecuaciones de campo de la relatividad general. Este concepto ya había sido apuntado por las identidades contraídas de Bianchi, que ella desconocía, pero que resultaron constituir únicamente un caso particular del teorema mucho más amplio que Noether demostró.

El principio de acción y el cálculo de variaciones fueron esenciales en la demostración del segundo teorema de Noether, y resultan absolutamente determinantes para la operatividad de su primer teorema, considerablemente más célebre. Este teorema establece, en esencia, que para cada simetría continua presente en la naturaleza, junto con su correspondiente principio de acción, existe una ley de conservación asociada. La simetría alude aquí a una operación aplicable a un objeto o sistema que lo mantiene inalterado. Si, por ejemplo, giramos un cuadrado 90 grados alrededor de su centro, su apariencia permanece idéntica, lo que no sucede si lo rotamos 45 grados, 17 grados o cualquier otro valor que no sea múltiplo de 90. Este caso ilustra una simetría discreta, mientras que la rotación de un círculo en torno a su centro manifiesta una simetría continua: independientemente del ángulo, o fracción de grado, que elijamos para rotarlo, el círculo conservará siempre el mismo aspecto.

Así es como interviene el principio de acción: la acción es un valor numérico que puede obtenerse mediante la integral de la trayectoria de un objeto en movimiento, por ejemplo, una bala de cañón. Si disparamos una bala de cañón y registramos su trayectoria en el espacio y el tiempo, podemos calcular la acción. Si repetimos exactamente la misma operación diez segundos después, disparando otra bala de cañón de idéntico tamaño y peso, deberíamos —en condiciones idénticas (velocidad y dirección del viento, etc.)— obtener la misma trayectoria y, por consiguiente, calcular la misma acción. Dicho de otro modo, la simetría de traslación temporal mantiene invariable la acción.

Podríamos disparar el cañón y trazar la trayectoria del proyectil, para después desplazar el cañón un metro a la izquierda sobre un terreno perfectamente nivelado y repetir todo el procedimiento en idénticas condiciones. Gracias a la simetría de traslación espacial, la segunda bala describirá una trayectoria idéntica a la primera y, en consecuencia, la acción también resultará idéntica.

Y si, nuevamente, disparásemos otra bala y repitiéramos todo el proceso, con la salvedad de orientar el cañón unos grados respecto a su posición original, calcularíamos de nuevo la misma acción en ambos casos (siempre que las condiciones no variaran). La magnitud conservada en este caso, según establece el primer teorema de Noether, sería el momento angular.

El teorema de Noether nos indica no solo que existe una magnitud conservada asociada a cada simetría particular, sino también cómo identificarla. La magnitud conservada vinculada a la traslación espacial es el momento lineal, mientras que la asociada a la traslación temporal es la energía. Antes de Noether, existían numerosas especulaciones sobre la formulación de las leyes mecánicas y los principios de conservación correspondientes, según señaló el físico Chris Quigg: «Incluso algo tan fundamental como la ley de conservación de la energía constituía una especie de regularidad empírica. No procedía de ningún origen concreto, pero se había revelado como una construcción útil. Tras el primer teorema de Noether, sabemos que la conservación de la energía deriva de una fuente bastante plausible: la idea de que las leyes naturales deben ser independientes del tiempo».[36]

El primer teorema de Noether ha ejercido una profunda influencia en la metodología física. Al especular sobre nuevas partículas, los teóricos suelen postular una simetría natural que consideran existente pero que ha permanecido oculta de algún modo. A continuación, intentarían determinar las propiedades de la partícula o partículas aún no observadas, vinculadas a esta simetría hipotética, para orientar la búsqueda de los experimentadores. Este razonamiento condujo al descubrimiento del bosón de Higgs en 2012, cuarenta y ocho años después de que los teóricos predijesen por primera vez su existencia. Como afirmó la física Ruth Gregory: «Resulta difícil exagerar la importancia del trabajo de Noether en la física moderna. Sus ideas fundamentales sobre la simetría sustentan nuestros métodos, nuestras teorías y nuestra intuición. La conexión entre simetría y conservación constituye nuestra forma de describir el mundo».[37]

A pesar de la enorme influencia del primer teorema de Noether en la física, cabe destacar que su resultado fue estrictamente matemático, una afirmación sólida que seguiría siendo significativa incluso si no hubiera habido aplicaciones físicas. Un punto de partida clave para este poderoso teorema fue el cálculo variacional. «El teorema I —escribió el historiador de las matemáticas David Rowe— caracteriza con precisión cómo las cantidades conservadas surgen de las simetrías en los sistemas variacionales».[38]

Aunque Einstein no había seguido ese enfoque inicialmente, sí se aventuró por esta misma ruta matemática en un artículo fechado el 26 de noviembre de 1916, un año y un día después de haber presentado su versión final de las ecuaciones de campo en Gotinga. En este artículo titulado «Hamilton's Principle and the General Theory of Relativity», Einstein declaró que él, como Hilbert antes que él, derivaría las ecuaciones de la relatividad general «a partir de un único principio variacional». Pero, a diferencia de Hilbert, añadió: «Haré el menor número posible de suposiciones sobre la constitución de la materia. Por otro lado, y en contraste con mi propio y muy reciente tratamiento del tema, la elección de un sistema de coordenadas seguirá siendo completamente libre».[39]

Durante los meses y años posteriores, las ecuaciones que Einstein elaboró con tanto esfuerzo superarían diversas pruebas: no solo la predicción de los movimientos de Mercurio, sino también la célebre desviación de la luz provocada por el Sol. Sin embargo, surgía una cuestión más trascendental: ahora que las ecuaciones habían inspirado cierta confianza, ¿qué otras aplicaciones podrían tener?

Bastantes, según se comprobó. El físico Hanoch Gutfreund calificó el trabajo de Einstein en su artículo del 25 de noviembre de 1915 como «la fuente y el fundamento de todo nuestro conocimiento actual en cosmología moderna: el origen del universo, la teoría del *big bang*, la expansión universal, los agujeros negros, las ondas gravitacionales. Todo deriva de ese artículo». No solo de ese artículo, sino específicamente de una única ecuación en la página 33 de la versión publicada: «Todo nuestro conocimiento procede de esa ecuación».[40] Podemos emplearla para determinar las propiedades de un espacio-tiempo concreto, incluido el que denominamos nuestro hogar, y los fenómenos físicos que origina.

Me parece una afirmación razonable. No obstante, la ecuación en cuestión constituye únicamente un punto de partida, no una conclusión. El proceso para avanzar desde ahí hasta «todo nuestro conocimiento» resulta ser, en realidad, una tarea considerablemente compleja.

CAPÍTULO 4

UNA SOLUCIÓN SINGULAR

Derivar las ecuaciones de campo de la relatividad general constituyó una hazaña extraordinaria que aún se celebra en la actualidad. Sin embargo, incluso en su momento de triunfo, Albert Einstein dudaba de la posibilidad de hallar soluciones exactas para las ecuaciones diferenciales parciales no lineales interdependientes en las que había invertido tanto esfuerzo, y manifestó escepticismo ante algunas soluciones propuestas por otros científicos. Cuando calculó la desviación en la órbita de Mercurio y posteriormente predijo cómo el Sol alteraría la trayectoria lumínica de una estrella distante, buscó y finalmente encontró soluciones aproximadas, no exactas, para sus ecuaciones. «Aunque su trabajo tuvo implicaciones revolucionarias —escribió el físico Brandon Carter—, los instintos de Einstein tendían a ser bastante conservadores».[1]

Desde el principio resultó evidente, tanto para Einstein como para sus contemporáneos, que obtener soluciones matemáticamente exactas entrañaría una notable dificultad. Incluso conociendo la posición, masa y velocidad de cada partícula dentro de un espacio determinado, esto no permitiría predecir simplemente la evolución futura de dicho sistema, debido a la relación no lineal, y aparentemente circular, entre materia, energía y curvatura espaciotemporal. Necesitaríamos conocer la distribución y el movimiento de materia y energía para determinar la curvatura del espacio-tiempo, pero simultáneamente conocer dicha curvatura para averiguar la distribución y el movimiento de materia y energía. Esta situación, característica de un sistema no lineal, recuerda a la paradójica litografía de M. C. Escher que representa dos manos que se dibujan mutuamente, imagen que plantea profundos dilemas similares al del huevo y la gallina. Otro desafío surge del hecho de que, en la relatividad general, no existe una única ecuación por resolver, sino diez ecuaciones interconectadas que deben resolverse simultáneamente. No bastaría con resolverlas una por una.

Si las sospechas de Einstein se hubieran confirmado y no pudieran obtenerse soluciones exactas en su teoría, sería razonable cuestionar la utilidad de un conjunto de ecuaciones que pretenden describir nuestro universo. De haberse materializado tal escenario, casi con certeza, la relatividad general no habría evolucionado hasta convertirse en el campo sólido y vibrante que representa hoy, transcurrido más de un siglo. No obstante, finalmente, los presentimientos de Einstein se disiparon rápida e inesperadamente. Esto se debió, en gran medida, a que su histórico artículo del 25 de noviembre de 1915 llegó a las manos adecuadas: las del astrofísico Karl Schwarzschild.

Schwarzschild poseía inclinaciones poco convencionales y una disposición a explorar direcciones apenas consideradas por otros, características que posiblemente le permitieron lograr el avance que pronto se describirá. «Mi interés nunca se ha limitado a los objetos situados en el espacio, más allá de la Luna, sino que ha seguido los hilos que los conectan con las zonas más oscuras del alma humana, pues es allí donde debe brillar la nueva luz de la ciencia».[2] Palabras ciertamente apropiadas, considerando que, un año antes, Schwarzschild había abandonado su cargo como director del Observatorio Astrofísico de Potsdam y, a los cuarenta años, se había alistado voluntariamente en el ejército alemán durante la Primera Guerra Mundial. Cuando recibió una copia del último artículo de Einstein en diciembre de 1915, se encontraba destinado en el frente oriental en Rusia, donde el ejército alemán le mantenía ocupado calculando trayectorias de artillería y abordando otros problemas balísticos. Sin embargo, Schwarzschild había mostrado desde hacía años un notable interés por el desarrollo de la relatividad general y, de algún modo, en medio de sus obligaciones militares, encontró tiempo para estudiar el artículo de Einstein, quizás durante los momentos de calma entre combates. Al examinar las ecuaciones que presentaban la gravedad bajo una perspectiva completamente innovadora, Schwarzschild experimentó una súbita inspiración: ¿cuáles serían las características, se preguntó, del campo gravitatorio alrededor de una masa puntual, o de cualquier objeto compacto en un espacio vacío? Advirtió que podría resolver las ecuaciones de la relatividad general en este contexto siempre que introdujera algunas simplificaciones. En primer lugar, el objeto considerado, fuera una estrella o un planeta, debía poseer simetría esférica, hipótesis que reduce notablemente la complejidad del análisis matemático. Además, el objeto esférico debía carecer de rotación y permanecer inmóvil. El espacio-tiempo circundante, por otra parte, estaría exento de materia y energía, constituyendo un vacío absoluto. Asimismo, el propio espacio-tiempo presentaría carácter estático, lo que supone otra forma de simetría: la simetría bajo traslación temporal.

De este modo, Schwarzschild transformó un problema con cuatro variables independientes (t, x, y, z), que había originado un conjunto de ecuaciones diferenciales en derivadas parciales, en un problema con una única variable independiente, r, el radio, con lo cual obtuvo un sistema de ecuaciones diferenciales ordinarias de una variable, mucho más accesibles matemáticamente. Esta simplificación resultó posible porque el tiempo (t) dejaba de ser una variable relevante al tratarse de un espacio-tiempo estático y, gracias a la simetría esférica, lo único determinante era r, la distancia desde el centro de la estrella; las coordenadas espaciales (x, y, z) de cualquier punto en el espacio-tiempo perdían toda relevancia física, ya que todos los puntos a igual distancia del centro experimentarían idénticos efectos gravitatorios. Schwarzschild aún debía enfrentarse a ecuaciones no lineales, pero estas resultaron ser considerablemente más sencillas y, de hecho, resolubles, al menos para alguien de sus capacidades.

Se comunicó con Einstein mediante una carta fechada el 22 de diciembre de 1915, donde describía el campo gravitatorio exterior a una masa puntual (aunque sin incluirla), resultado que constituía la primera solución exacta obtenida para las ecuaciones de campo de la relatividad general que Einstein había presentado apenas cuatro semanas antes. Se trataba, conviene precisarlo, de una solución matemática a un sistema de ecuaciones diferenciales no lineales interrelacionadas, que además esclarecía notablemente la física de la situación.

«Para poder profundizar en tu teoría de la gravitación —le explicaba Schwarzschild por carta a Einstein—, me he ocupado más detalladamente del problema que planteó en el artículo sobre el perihelio de Mercurio», añadiendo que «me atreví a intentar hallar una solución completa»,[3] objetivo que efectivamente logró. En su planteamiento, el Sol funcionaba como masa puntual esférica, y su determinación de la geometría espaciotemporal alrededor del astro le permitió calcular con precisión la mecánica orbital de Mercurio.

«Resulta admirable que la explicación de la anomalía de Mercurio surja de manera tan convincente a partir de una idea tan abstracta —manifestó Schwarzschild a Einstein—. Como puede ver, la guerra se muestra benévola conmigo, permitiéndome, a pesar del intenso fuego a una distancia decididamente terrestre, realizar esta incursión por su territorio conceptual».[4]

Cabe señalar que la solución de Schwarzschild no se limita en absoluto a resolver los detalles de los movimientos previamente desconcertantes de Mercurio, sino que posee un carácter mucho más general. Sus soluciones resultan igualmente aplicables a las órbitas de otros planetas alrededor del Sol y, de hecho, a las trayectorias de estrellas y planetas alrededor de cualquier cuerpo esférico con fuerte campo gravitatorio. A grandes distancias de dicho cuerpo, la gravedad se comporta tal como establecen las leyes de Newton. Sin embargo, cerca de un objeto grande y masivo, las ecuaciones de Schwarzschild revelan las diferencias en el comportamiento gravitatorio derivadas de los efectos relativistas generales.

Einstein respondió a Schwarzschild mediante una carta fechada el 9 de enero de 1916: «He examinado su artículo con gran interés. No esperaba que la solución exacta al problema pudiera formularse de forma tan sencilla. El tratamiento matemático me atrae enormemente».[5] Einstein mostró tal entusiasmo que presentó el artículo de Schwarzschild a la Academia Prusiana el 13 de enero, y se publicó apenas tres días después.[6]

En febrero, Schwarzschild publicó un artículo complementario donde proporcionaba una descripción matemática del interior de un modelo estelar simple, en este caso, «una esfera homogénea de radio finito, consistente en un fluido incompresible. La adición de fluido incompresible resulta necesaria —escribió—, porque, en la teoría de la relatividad, la gravitación depende no solo de la cantidad de materia, sino también de su energía».[7] Si el fluido fuera compresible, podría almacenar energía y, por tanto, modificar su campo gravitatorio.

El hallazgo en el interior de su modelo estelar resultó verdaderamente asombroso: si la masa de una estrella, M, se concentrara en una región esférica suficientemente pequeña (de radio r), es decir, si M/r superara cierto valor umbral, entonces nada, ni siquiera la luz, podría escapar de la intensa atracción gravitacional de la estrella. Cualquier materia o energía atraída dentro de ese radio crítico, denominado radio de Schwarzschild, resultaría inobservable directamente porque cualquier luz que pudiera emitir o reflejar quedaría atrapada en su interior.

El valor de este radio constituye una consecuencia directa de la métrica de Schwarzschild, fórmula que ideó para determinar las distancias en el espacio-tiempo circundante a una masa esférica. La métrica contiene un término cuyo denominador equivale a $1 - 2m/r$. El radio de Schwarzschild, r_s, se produce cuando $r = 2m$ (donde $m = GM/c^2$; G representa la constante gravitacional, M, la masa de la estrella, y c, naturalmente, la velocidad de la luz). Algo extraordinariamente singular ocurre cuando r equivale a $2m$, pues, en ese punto, el denominador de un término se reduce a cero y la ecuación se vuelve inestable. (Para el Sol, o cualquier estrella esférica de igual masa, esto sucedería si toda su materia estuviera confinada dentro de un radio de aproximadamente tres kilómetros, en lugar de su dimensión real, poco menos de 700 000 km). La esfera delimitada por el radio de Schwarzschild se conoce actualmente como horizonte de sucesos, y puede considerarse como el punto, o superficie, de no retorno. Es posible atravesarlo con relativa facilidad pero, como en una trampa sin salida, resulta imposible regresar. O, parafraseando el conocido lema de Las Vegas, lo que ocurre dentro del horizonte de sucesos permanece dentro del horizonte de sucesos.

Además, la métrica de Schwarzschild también contiene el término $2m/r$, y a medida que uno se aproxima al punto central de la estrella, donde $r = 0$, dicho término tiende a infinito, al igual que la densidad y la presión estelar. Este punto se denomina *singularidad*, y constituye uno de los lugares donde la teoría de la relatividad general pierde validez y sus predicciones dejan de ser fiables.

Einstein consideraba que un objeto con propiedades tan extraordinarias —rodeado por un extraño horizonte de sucesos y con una singularidad aún más insondable en su núcleo— representaba un mero artificio matemático con una existencia imposible en el universo real. Podría haber sido simplemente una consecuencia de la perfecta simetría esférica supuesta en la derivación de Schwarzschild, condiciones que no se observarían en la naturaleza. «Si este resultado fuera real, sería un verdadero desastre», afirmó Einstein.[8] El astrónomo Arthur Eddington, destacado defensor de la relatividad general, también se mostró escéptico y declaró: «Debería existir una ley natural que impidiera a una estrella comportarse de manera tan absurda». Cualquier afirmación en sentido contrario, argumentó Eddington, debería considerarse una «payasada estelar».[9]

Schwarzschild, según se dice, albergaba sus propias dudas sobre la realidad física de estos objetos que, cincuenta años después, llegaron a conocerse como agujeros negros, pues no lograba concebir un mecanismo viable para su formación.[10] Lamentablemente, Schwarzschild apenas tuvo tiempo de profundizar en esta cuestión, ya que falleció pocos meses después, el 11 de mayo de 1916, a los cuarenta y dos años. No obstante, había establecido los fundamentos matemáticos de los agujeros negros, aproximadamente medio siglo antes de disponer de evidencias empíricas creíbles que respaldaran su existencia. Mientras tanto, las investigaciones sobre la naturaleza de estos objetos hipotéticos permanecían en un plano estrictamente teórico y predominantemente matemático.

En 1923, el matemático George David Birkhoff amplió el resultado de Schwarzschild mediante el teorema que lleva su nombre. Birkhoff demostró que el campo gravitatorio exterior a cualquier distribución esférica de materia se describe de manera única por la solución de Schwarzschild a las ecuaciones de campo de Einstein en el vacío, donde $G_{ij} = 0$.

El resultado de Birkhoff resultaba más sólido que el de Schwarzschild porque la solución anterior se refería únicamente a un espacio-tiempo estático invariable temporalmente, mientras que el teorema de Birkhoff se aplicaba a un espacio-tiempo dinámico, capaz de experimentar cambios con el tiempo. Birkhoff demostró, en otras palabras, que «la solución de Schwarzschild representa el campo gravitatorio exterior a cualquier cuerpo esféricamente simétrico, evolucionando de cualquier manera», según explicó el matemático Demetrios Christodoulou. Esta afirmación era válida incluso para una estrella esférica que experimentaba un colapso gravitacional tras agotar el combustible necesario para mantener la fusión nuclear.[11]

Aunque las matemáticas habían planteado la posibilidad teórica de los agujeros negros, el concepto seguía siendo una abstracción hasta que pudo presentarse un argumento convincente sobre su posible materialización en el mundo físico. Un artículo publicado en septiembre de 1939 por el físico J. Robert Oppenheimer y su discípulo Hartland Snyder, titulado «On Continued Gravitational Contraction» (Sobre la contracción gravitacional continua), ofreció una elocuente respuesta. Tras estudiar soluciones a las ecuaciones de campo de la relatividad general, Oppenheimer y Snyder demostraron cómo estrellas suficientemente masivas, «que han agotado sus fuentes nucleares de energía», podrían sufrir un colapso gravitacional incontrolable y catastrófico. Y, según sus conclusiones, si una estrella no pudiera deshacerse de su masa mediante radiación, «esta contracción continuará indefinidamente. La estrella tiende así a cerrarse a cualquier comunicación con un observador distante; solo persiste su campo gravitatorio».[12]

Aunque, según comentó Christodoulou, el problema modelo en el que Oppenheimer y Snyder decidieron centrarse era «altamente idealizado, su trabajo resultó muy significativo, pues constituyó el primer estudio sobre el colapso gravitacional relativista». De este modo, guiados exclusivamente por las ecuaciones de Einstein, demostraron el posible mecanismo de formación de un agujero negro, lo que aproximó esta noción hipotética, surgida de las reflexiones de Schwarzschild en tiempos de guerra, al ámbito de lo posible.[13]

Irónicamente, un mes después, en octubre de 1939, Einstein publicó un artículo en *Annals of Mathematics* que presentaba un análisis basado también en su teoría de la relatividad general, pero con una conclusión radicalmente distinta: «El resultado esencial de esta investigación es una comprensión clara de por qué las singularidades de Schwarzschild no existen en la realidad física».[14]

En aquel momento, el estatus astrofísico de los agujeros negros debía considerarse objeto de controversia. No obstante, los matemáticos continuaron sus avances, entre ellos, John L. Synge. Según el matemático Petros Florides, en un artículo de 1950, «Synge logró, por primera vez, penetrar y explorar completamente la región interior al denominado radio de Schwarzschild, lo que ahora conocemos como agujero negro. En una época en que numerosos relativistas, incluido Einstein, consideraban que ni siquiera tenía sentido hablar de esta región, este trabajo resulta verdaderamente notable».[15]

Synge empleó técnicas geométricas para demostrar que la supuesta singularidad en el radio de Schwarzschild (lo que actualmente denominamos horizonte de sucesos) no constituía una singularidad física real ni tampoco un lugar donde el espacio-tiempo alcanzaba un final abrupto, sino simplemente una singularidad de coordenadas, surgida artificialmente debido a la elección específica de coordenadas en la métrica de Schwarzschild. Synge fue el primero en mostrar, mediante métodos geométricos, cómo la solución de Schwarzschild podía extenderse al máximo, lo que esencialmente significaba que cualquier geodésica o trayectoria potencial de una partícula, partiendo desde cualquier punto del espacio-tiempo, se prolongaría de manera continua e infinitamente en ambas direcciones, a menos que dicha trayectoria terminara en una singularidad real imposible de eliminar mediante un cambio de coordenadas. En este caso, los métodos que utilizó resultaron al menos tan importantes como los resultados obtenidos, pues la geometría, a diferencia de las herramientas más tradicionales del cálculo, podía ofrecer una perspectiva global, una forma de contemplar el espacio-tiempo en su totalidad, en lugar de pequeños fragmentos aislados.

Desde el inicio de su trabajo en relatividad general, Synge adoptó el enfoque geométrico introducido por Hermann Minkowski. La influencia de Synge en este campo trascendió ampliamente su extensión de la solución de Schwarzschild, según sostuvo Florides: «El enfoque geométrico casi universal de la teoría de la relatividad que comenzó en la década de 1960 se debe principalmente a la influencia de Synge». El propio Synge coincidió con esta valoración, aunque con su característica modestia, al manifestar en 1972 que «si me preguntaran qué he aportado a la teoría de la relatividad, creo que podría afirmar que he enfatizado su aspecto geométrico».[16]

Una década antes, en un encuentro histórico sobre gravitación y relatividad general celebrado en Varsovia en 1962, Synge ofreció una perspectiva geométrica sobre los movimientos de objetos en presencia de cuerpos masivos con intensos campos gravitatorios. Entre los asistentes se encontraba Roy Kerr, matemático neozelandés de veintiocho años, junto con personalidades tan destacadas como el físico galardonado con el Premio Nobel Paul Dirac y Richard Feynman, quien pronto obtendría también un Premio Nobel. Otro ponente, Vitaly Ginzburg (también laureado posteriormente con el Nobel de Física), subrayó que cualquier cuerpo con intensa atracción gravitatoria necesariamente estaría sometido a rotación, tal como se observa en todas las estrellas y planetas conocidos, por lo que correspondía a la comunidad científica abordar la cuestión de los efectos rotacionales en las ecuaciones de campo de la relatividad general. Estas palabras impresionaron profundamente a Kerr, quien regresó con un propósito definido a su institución, la Universidad de Texas, donde tenía una designación anual como investigador visitante en el recién creado Centro de Relatividad.[17]

Kerr no era el único que trabajaba en este problema. El físico Ezra Newman también investigaba el caso de los agujeros negros en rotación. Un importante desafío asociado a los objetos rotantes (agujeros negros, estrellas o planetas) deriva de su forma achatada, con protuberancias ecuatoriales que rompen la simetría esférica. Esta característica complica considerablemente la resolución de las ecuaciones de Einstein. Durante sus cálculos, Newman llegó a considerar imposible encontrar soluciones para agujeros negros en rotación. Un colega de Texas, Alan Thompson, aconsejó a Kerr no invertir tiempo en este problema, puesto que Newman ya había demostrado la inexistencia de soluciones. Sin embargo, Kerr no se rindió con tanta facilidad. Tras revisar el artículo de Newman, identificó rápidamente un error, lo que renovó sus esperanzas y lo llevó a sumergirse intensamente en el problema durante las semanas siguientes, descritas por el cosmólogo (y biógrafo de Kerr) Fulvio Melia como «un cóctel frenético de adrenalina, episodios de concentración casi hipnótica y el humo de setenta cigarrillos diarios».[18]

Para simplificar su tarea y hacerla factible, Kerr estableció varias premisas. Aunque el agujero negro en cuestión rotaba, a diferencia del inmóvil agujero negro de Schwarzschild, Kerr postuló que esta rotación sería constante y uniforme, de modo que nada variaría temporalmente. En segundo lugar, en lugar de constituir una esfera perfecta, el agujero negro presentaría mayor grosor ecuatorial, adoptando la forma de un esferoide achatado. No obstante, aunque careciera de simetría esférica, mantendría la axisimetría, es decir, simetría respecto a su eje de rotación. Además, Kerr supuso que el tensor en las ecuaciones de Einstein que representa la curvatura del espacio libre de materia (la única componente de curvatura riemanniana que persiste en el vacío) poseería propiedades sencillas que, a su vez, simplificarían la resolución de dichas ecuaciones. Los matemáticos denominan a esta última condición, relativa a la curvatura espaciotemporal, especialidad algebraica. Tras adoptar estas estipulaciones, Kerr formuló una versión de las ecuaciones de Einstein con dos parámetros libres (ajustables): el mismo parámetro de masa presente en la métrica de Schwarzschild, más el momento angular o giro del sistema. Al plantear así el problema, logró encontrar una solución exacta que describía la curvatura espaciotemporal exterior a un agujero negro rotatorio. El resultado obtenido constituía una generalización de la solución de Schwarzschild, pues, cuando la rotación se establecía en cero, la solución de Kerr se reducía al caso de Schwarzschild.

Kerr atribuyó más tarde su éxito en este antiguo problema a «una vena inconformista, una falta de apego a las formas tradicionales de hacer las cosas y, a decir verdad, un escepticismo bastante travieso hacia lo que leía en los libros y escuchaba de los mayores. Sin ataduras a ninguna idea establecida, me sentía libre de cuestionar lo que me decían, de criticar cualquier cosa que creía que estaba mal y de seguir caminos que otros podrían haber rehuido. Fue precisamente esta flexibilidad intelectual la que me permitió descubrir la expresión matemática del espacio-tiempo que rodea a un objeto en rotación».[19]

El resultado fue épico, a pesar de que el artículo que envió a *Physical Review Letters* en julio de 1963 (y que se publicó unas cinco semanas después) ocupaba menos de una página y media de la revista.[20] Según Melia, se trataba de «una solución revolucionaria a las ecuaciones de la relatividad general de Einstein que [había] desafiado a las mentes científicas más grandes del siglo xx».[21] La solución de Kerr fue de gran importancia porque los agujeros negros que describió, ahora llamados agujeros negros de Kerr, son las mejores representaciones matemáticas que tenemos de los agujeros negros reales y sus propiedades físicas asociadas. Entre las propiedades que descubrió Kerr estaba que un agujero negro rotatorio, como la variedad de Schwarzschild no giratoria, estaría envuelto dentro de una superficie llamada horizonte de sucesos. Y la singularidad en el corazón de un agujero negro de Kerr, debido al momento angular del objeto, asumiría la forma de un anillo en lugar de un punto. Aunque un objeto de este tipo puede parecer monstruosamente extraño, Brandon Carter y otros demostraron a mediados de la década de 1970 que la solución de Kerr tenía un alcance muy amplio, ya que se aplica a cualquier tipo de agujero negro rotatorio que pudiera existir.[22]

En una conferencia impartida en la Universidad de Chicago en 1975, el físico ganador del Premio Nobel Subrahmanyan Chandrasekhar elogió efusivamente la contribución de Kerr: «En toda mi vida científica, que se extiende a lo largo de cuarenta y cinco años, la experiencia más impactante ha sido la constatación de que una solución exacta de las ecuaciones de la relatividad general de Einstein, descubierta por el matemático neozelandés Roy Kerr, proporciona la representación absolutamente exacta de un número incalculable de agujeros negros masivos que pueblan el universo. Este hecho increíble de que un descubrimiento motivado por la búsqueda de la belleza en las matemáticas encuentre su réplica exacta en la naturaleza, me lleva a decir que la belleza es aquello a lo que la mente humana responde en su más profundo y más íntimo nivel».[23]

En otoño de 1963, Roger Penrose, un matemático reconvertido en físico que transitó de la geometría algebraica a la relatividad general tras leer la obra de Synge sobre el tema,[24] se incorporó como profesor visitante por un año a la Universidad de Texas, donde mantuvo numerosos intercambios intelectuales con Kerr. Un año después, tras aceptar un puesto como profesor adjunto de Matemáticas Aplicadas en el Birbeck College de Londres, Penrose comenzó a cuestionarse si las singularidades constituían propiedades intrínsecas e inevitables de los espacios-tiempo de Schwarzschild y Kerr.[25] También se planteó si tales singularidades podían manifestarse en objetos carentes de esas mismas simetrías.

La situación más generalizada y asimétrica resultaba mucho más compleja de abordar debido a las dificultades previamente mencionadas para resolver las ecuaciones de campo de Einstein. Sin embargo, en lugar de intentar solucionar directamente estas ecuaciones para diferentes casos particulares, Penrose desarrolló un nuevo conjunto de herramientas matemáticas —fundamentadas en la geometría y la topología— para analizar las propiedades del espacio-tiempo. Los resultados de su investigación se presentaron en un artículo de tres páginas publicado en enero de 1965, titulado «Gravitational Collapse and Space-Time Singularities», que, según el físico Werner Israel, «aspira a ser considerado el avance más influyente en relatividad general durante los cincuenta años transcurridos desde que Einstein fundó la teoría».[26] La importancia de este trabajo no radica únicamente en el resultado específico obtenido por Penrose, sino también en el enfoque matemático que él mismo introdujo pioneramente, lo que ha inaugurado una nueva era en el estudio de la relatividad general.

En su artículo, Penrose se preguntaba si la singularidad de Schwarzschild «es, en realidad, simplemente una propiedad de la elevada simetría supuesta». Lo mismo podría afirmarse de la solución de Kerr, añadió, «dado que persiste un alto grado de simetría (y la solución es algebraicamente especial), podría argumentarse nuevamente que esto no representa la situación general». Su análisis abordó directamente la cuestión del «colapso sin suposiciones de simetría», y concluyó con la demostración de que «las desviaciones de la simetría esférica no pueden impedir la aparición de singularidades espaciotemporales».[27]

Lo que Penrose demostró, concretamente, fue que el horizonte de sucesos de un agujero negro de Schwarzschild o de Kerr constituye lo que él denominó superficie cerrada atrapada. Adicionalmente, Penrose probó que, una vez formada una superficie cerrada atrapada, el colapso gravitacional hacia una singularidad se convierte en un resultado matemáticamente inevitable, sin que importe el grado de simetría o asimetría del objeto colapsante.

Este aspecto resulta particularmente significativo porque, hasta ese momento, numerosos especialistas en relatividad general, incluido el propio Einstein con su conocido escepticismo, sostenían que las singularidades solo podrían existir, si acaso, como resultado de configuraciones con un grado de simetría extraordinariamente elevado. Penrose logró demostrar lo contrario: la formación de agujeros negros no requería condiciones de simetría artificial o idealizada. Esta contribución resultó decisiva para persuadir a la comunidad científica, mayoritariamente escéptica, de que la formación de tales objetos representaba un fenómeno físico real en el universo.

Pero ¿qué es exactamente una superficie cerrada atrapada, este concepto fundamental introducido por Penrose a partir de principios geométricos y topológicos? En esencia, se trata de una superficie con una curvatura tan pronunciada que la luz queda completamente confinada en su interior. Los rayos lumínicos no pueden escapar ni dirigirse hacia el exterior, sino que son inexorablemente atraídos hacia el centro.

Para ilustrar este fenómeno, Penrose analizó el comportamiento de la luz en las cercanías de un agujero negro. Imaginemos primero una esfera luminosa situada justo fuera del horizonte de sucesos de un agujero negro. Desde esta posición, la luz puede propagarse en dos direcciones: bien se aleja del agujero negro, bien cae hacia su interior. Sin embargo, consideremos ahora una esfera luminosa ubicada dentro del horizonte de sucesos, o bien en el interior de una estrella en proceso de colapso gravitacional irreversible. En ambos casos, el área de esta superficie disminuirá constante e inexorablemente. Y a diferencia de lo que ocurriría en el espacio normal, donde la luz se expande en todas direcciones, aquí los rayos emitidos desde cualquier punto de esta superficie se curvan hacia atrás y convergen forzosamente hacia el centro.

«Dado que la superficie de la región se reduce a cero, también debe hacerlo su volumen —escribió Stephen Hawking, colaborador de Penrose—. Toda la materia de la estrella se comprimirá en una región de volumen nulo, por lo que la densidad de la materia y la curvatura del espacio-tiempo se vuelven infinitas».[28] Sin embargo, conviene añadir una importante nota de cautela: la idea de que la curvatura espaciotemporal tiende al infinito en la singularidad constituye, hasta el momento, una hipótesis ampliamente aceptada que aún no ha sido rigurosamente demostrada ni abordada mediante intentos formales convincentes. Si esta conjetura resultara correcta, en el punto donde la curvatura alcanza valores infinitos, cualquier partícula o rayo de luz en movimiento quedaría imposibilitado para proseguir su trayectoria, lo que sugeriría que el propio espacio-tiempo llega a su término. Es precisamente en este punto, en el que se produce una discontinuidad fundamental en la estructura del espacio-tiempo, donde se formaría inevitablemente una singularidad física.

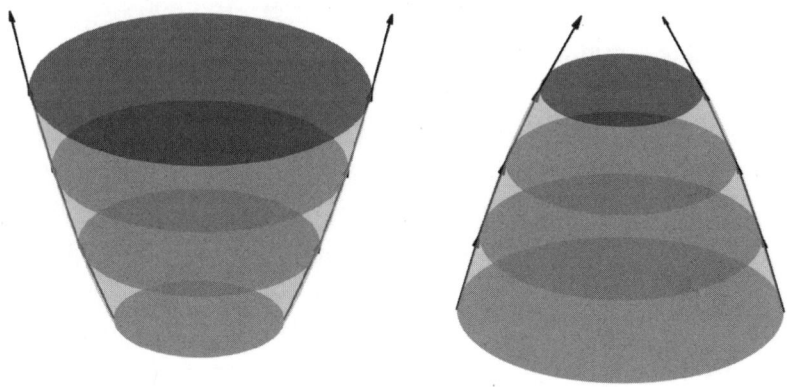

Una superficie atrapada (a la derecha) es algo así como un cono de luz invertido.

Penrose demostró, adicionalmente, que una superficie cerrada atrapada posee estabilidad, en el sentido de que puede resistir pequeñas perturbaciones. Establecer la estabilidad desde una perspectiva matemática constituye un umbral crítico y decisivo: aunque objetos como las superficies cerradas atrapadas generadoras de singularidades pudieran existir conceptualmente —en el plano matemático, por supuesto—, si carecieran de estabilidad, no tendrían relevancia física y jamás se manifestarían en el mundo real. La precisión importante aquí es que Penrose estableció la estabilidad de la superficie cerrada atrapada, sin pronunciarse sobre la estructura de la singularidad misma. Probó que la existencia de alguna singularidad perduraría tras una perturbación y que un agujero negro representaría el resultado invariable. Sin embargo, la estructura interna de la singularidad podría potencialmente transformarse y emerger con propiedades diferentes a las originales.

La razón por la que las superficies cerradas atrapadas están inexorablemente destinadas a convertirse en agujeros negros está relacionada con la curvatura positiva, característica que tales superficies presentan en grado extremo. Encontrarse dentro de una superficie cerrada atrapada es comparable a estar en una habitación en la que el techo, las paredes y el suelo convergen desde todas direcciones —¡un entorno poco recomendable para personas con claustrofobia!—. Los rayos lumínicos, incluso aquellos inicialmente orientados hacia el exterior, son desviados por esta intensa curvatura y redirigidos hacia el interior.

«Si el área de la superficie disminuye inicialmente, continuará reduciéndose debido a un efecto de enfoque —explicó el matemático Richard Schoen—. También puede concebirse como los grandes círculos del globo terrestre que parten del polo norte y se separan, pero, como la curvatura es positiva en una esfera, las líneas comienzan a converger y finalmente se encuentran en el polo sur. La curvatura positiva produce este [mismo] efecto de enfoque».[29] Y la curvatura positiva de una superficie cerrada atrapada proporciona el máximo exponente de enfoque posible.

«El teorema de la singularidad de Penrose adquirió su asombroso poder gracias a una nueva herramienta matemática que utilizó en su demostración —escribió Kip Thorne—, una herramienta que ningún físico había utilizado antes en cálculos relativistas generales: la topología»,[30] una rama de las matemáticas que se ocupa de la forma general de los objetos en contraposición a su forma o geometría exacta. Además de la importancia «singular» de su teorema, la introducción de Penrose de un enfoque topológico completamente nuevo ayudó a transformar el estudio de la relatividad general.

Por aquella época, Penrose expuso su teorema en Princeton, donde el físico Robert Dicke exclamó: «¡Lo has conseguido, has demostrado que la relatividad general es errónea!». Penrose rechazó categóricamente tal interpretación. «Lo que he demostrado —aclaró— no invalida en absoluto la relatividad general. Lo que establece es que las singularidades resultan matemáticamente inevitables».[31] Precisamente este aspecto había sido recibido con escepticismo por varios físicos destacados, entre ellos, el propio Einstein.

Sin restar mérito a la trascendental contribución de Penrose, debe señalarse que su teorema de 1965 no demostraba, por sí mismo, la existencia de agujeros negros. Probó que las superficies cerradas atrapadas, una vez formadas, degenerarían en objetos de los que la luz no puede escapar —objetos que contienen una singularidad central que justo entonces comenzaban a denominarse agujeros negros—.[32] Aunque representó un logro trascendental —que marcó una ruptura original y radical en la investigación de la relatividad general—, el teorema no especificaba exactamente qué se necesita para crear inicialmente una superficie atrapada. Un teorema de 1979, publicado en 1983 por Schoen y Shing-Tung Yau,[33] avanzó un paso más en esta dirección.

Los físicos habían supuesto durante mucho tiempo que se formaría un agujero negro cuando la densidad de materia en una región particular alcanzara un valor suficientemente alto, pero tal convicción se basaba en argumentos bastante vagos que nunca se habían cuantificado o formulado de manera definitiva. Schoen y Yau se propusieron determinar las condiciones precisas que darían lugar a una superficie atrapada. Su teorema demostró que, cuando la densidad de materia de una región determinada es el doble que la de una estrella de neutrones (una estrella en la que electrones y protones han sido fusionados por la gravedad, siendo aproximadamente cien billones de veces más densa que el agua), se formará una superficie atrapada y el objeto colapsará directamente en un agujero negro en lugar de en algún otro estado.

El trabajo de Schoen y Yau, comúnmente conocido como la demostración de la existencia del agujero negro, era matemáticamente riguroso, al igual que el teorema de singularidad de Penrose. Pero, mientras que los argumentos de Penrose eran fundamentalmente topológicos (relacionados, en algunos casos, con las diferencias entre el espacio euclidiano plano y la superficie de una esfera), Schoen y Yau se basaron en argumentos geométricos que implicaban la curvatura media (o extrínseca) de las denominadas superficies mínimas —superficies que poseen la menor área posible para un contorno dado—.

Este caso ilustra solo una de las múltiples vertientes de investigación matemática sobre agujeros negros surgidas a partir del teorema de singularidad de Penrose. Resulta verdaderamente sorprendente contemplar el caudal de ideas generadas y la profundidad alcanzada en su desarrollo desde que la noción general de lo que hoy denominamos agujeros negros emergió, de manera inesperada, en la solución propuesta por Schwarzschild a las ecuaciones de Einstein en 1916. Entre las líneas de investigación actualmente vigentes destacan interrogantes fundamentales como: ¿qué morfología pueden presentar los agujeros negros? ¿Es posible su existencia en espacios-tiempo con más de cuatro dimensiones y, en caso afirmativo, qué características exhibirían? ¿Requieren los agujeros negros estar invariablemente rodeados de horizontes de sucesos, o pueden manifestarse singularidades descubiertas o desnudas? ¿Poseen los agujeros negros de Kerr auténtica estabilidad (es decir, capacidad para resistir perturbaciones y recuperar (casi exactamente) su configuración original)? ¿Son todos los agujeros negros de Kerr con idénticos valores de masa, rotación (o momento angular) y carga eléctrica esencialmente indistinguibles entre sí, con independencia de su proceso de formación o de los materiales y mecanismos implicados en su génesis?

Un artículo de Hawking de 1972, que abordaba la primera pregunta mencionada, introdujo un teorema topológico que afirmaba que la superficie de un agujero negro debe ser una esfera.[34] Para demostrarlo, Hawking se basó en la fórmula de Gauss-Bonnet del siglo XIX que relaciona la curvatura de una superficie con su topología subyacente. En términos algo más técnicos, el teorema de Hawking establece que la superficie de un agujero negro tetradimensional —que normalmente se denomina horizonte de sucesos— es un objeto tridimensional, y que una sección transversal de esa superficie debe ser una esfera bidimensional. (Y las esferas con superficies bidimensionales son el tipo de esferas con las que estamos familiarizados en la vida cotidiana).

Sin embargo, desde un punto de vista técnico, es más preciso denominar horizonte aparente, en lugar de horizonte de sucesos, a la superficie descrita en este teorema. El horizonte aparente es la superficie atrapada más externa que rodea un agujero negro. Coincide con el horizonte de sucesos en el caso de los agujeros negros de Schwarzschild o Kerr pero, en general, ambas superficies no tienen por qué ser idénticas.

Los agujeros negros tetradimensionales —aquellos con tres dimensiones espaciales y una temporal— «poseen una serie de propiedades notables —escribió el físico Gary Horowitz en 2005—. Es natural preguntarse si estas características constituyen rasgos generales de los agujeros negros o si dependen crucialmente de que el universo sea tetradimensional». De hecho, Horowitz añadió: «Muchas de ellas son, efectivamente, propiedades específicas de las cuatro dimensiones y no se mantienen en el caso general».[35] Citó un trabajo de 2002 de los físicos Roberto Emparan y Harvey Reall, quienes encontraron soluciones a las ecuaciones de Einstein que proporcionaban los primeros ejemplos de agujeros negros pentadimensionales. Emparan y Reall denominaron anillos negros a estos objetos toroidales (o en forma de anillo) rotatorios, y demostraron que un agujero negro en un espacio de cinco dimensiones no estaba sujeto a las restricciones impuestas por el teorema de Hawking y que, por tanto, su horizonte de sucesos podía presentar una topología no esférica.[36]

Un artículo de 2006 de Schoen y su colega matemático Gregory Galloway generalizó el teorema de Hawking de 1972, confirmando que, en dimensiones superiores, un agujero negro no necesariamente debe ser esférico. De hecho, otras topologías son posibles, pero estos objetos deben poseer un tipo especial de curvatura positiva (basado en un argumento formulado en la demostración de Schoen-Yau de la conjetura de la masa positiva, que se analizará en el capítulo 7) que los obliga a curvarse hacia dentro en lugar de extenderse. Esta curvatura «especial» es, precisamente, curvatura escalar positiva, donde la curvatura escalar constituye una generalización de la curvatura intrínseca bidimensional, tal como la definió originalmente Gauss, a un espacio o variedad de cualquier dimensión.

Galloway y Schoen demostraron que existen únicamente tres formas posibles para los horizontes de sucesos de agujeros negros pentadimensionales: una esfera tridimensional, un denominado anillo (una forma, descrita por primera vez por Emparan y Reall, obtenida combinando matemáticamente un círculo y una esfera bidimensional) o una clase de objetos llamados espacios-lente (creados mediante plegamientos complejos de esferas tridimensionales).[37] Desde entonces, los matemáticos han comenzado a explorar agujeros negros con dimensiones aún mayores, investigación que continúa hasta nuestros días.

Paralelamente, los físicos han investigado la posibilidad de encontrar en la naturaleza agujeros negros exóticos de dimensiones superiores. Asimismo, han identificado posibles señales que emitirían versiones microscópicas de estos objetos durante su breve existencia —una pequeña fracción de segundo— si se produjeran, fugazmente, en el Gran Colisionador de Hadrones o en otros aceleradores de partículas. La detección de los denominados agujeros negros cuánticos en experimentos de física de altas energías respaldaría una teoría propuesta por Hawking en 1971. Y si alguno de estos objetos no presentara forma esférica, sino que exhibiera topologías diferentes e inusuales, proporcionaría indicios tentadores de dimensiones superiores, puesto que los agujeros negros tetradimensionales, según el teorema de Hawking, deben ser necesariamente esféricos.

En 1969, Penrose inauguró otra línea de investigación, que ha ocupado a los científicos durante décadas, al proponer lo que se conoce como conjetura de la censura cósmica débil.[38] Esta postula que todas las singularidades formadas a partir del colapso gravitacional de la materia permanecen ocultas dentro de agujeros negros y resultan inobservables desde el exterior debido a los horizontes de sucesos que las envuelven. Hawking describió esta idea en términos más coloridos: «Dios aborrece una singularidad desnuda», afirmó, señalando que «en la singularidad, las leyes de la ciencia y nuestra capacidad para predecir el futuro se quebrarían».[39]

Una década después, Penrose formuló la hipótesis de la censura cósmica fuerte, que sostiene que la relatividad general es una teoría determinista, lo que implica que, a partir de condiciones iniciales, pueden realizarse predicciones fiables sobre el futuro. A pesar de su denominación, la conjetura fuerte no es literalmente más restrictiva que la débil. Sin embargo, constituye una afirmación considerablemente más amplia. Las dos conjeturas difieren en que existen ejemplos donde una puede confirmarse mientras la otra se contradice.

Respecto a la hipótesis fuerte, Penrose pretendía eludir el problema de la posible invalidación de la relatividad general dentro de un agujero negro postulando que el espacio-tiempo concluye abruptamente en lo que se denomina horizonte de Cauchy, un límite hipotético situado dentro del horizonte de sucesos. De este modo, la relatividad general puede conducirnos satisfactoriamente hasta el borde del espacio-tiempo pero no más allá. Si la teoría no pretende trascender ese punto, como conjeturó Penrose, las predicciones de la relatividad general resultarían efectivamente fiables dentro del dominio que supuestamente describe.

Ambas versiones de la conjetura de censura de Penrose buscan preservar la fiabilidad de la relatividad general —y, por ende, salvaguardar el determinismo científico— confinando las singularidades en una especie de compartimento estanco que permitiría realizar cálculos confiables sobre el espacio-tiempo al proyectar hacia el futuro. Así, el poder predictivo de la física, y particularmente de la relatividad general, podría protegerse de los efectos caóticos de singularidades no ocultas. «Penrose formuló una conjetura que, en esencia, buscaba eliminar este comportamiento problemático mediante un postulado teórico», explicó el matemático Mihalis Dafermos.[40]

Las conjeturas de censura de Penrose no se formularon con precisión matemática rigurosa, lo que ha provocado reevaluaciones críticas de estas proposiciones. Posteriormente, diversos investigadores han demostrado que ciertas versiones de las conjeturas no se sostienen. En la década de 1980, por ejemplo, Christodoulou identificó circunstancias en las que podrían existir singularidades desnudas —contraejemplos de algunos casos específicos de censura cósmica débil—, pero el caso general aún no se ha resuelto, y constituye una de las mayores cuestiones abiertas en relatividad general.

En 2017, Dafermos y su colega, el matemático Jonathan Luk, refutaron una forma de la conjetura de censura fuerte utilizando como ejemplo un agujero negro de Kerr (sin carga, rotatorio). Cuestionaron una afirmación fundamental en el argumento de Penrose: que el horizonte de Cauchy dentro del agujero negro constituye en sí mismo una singularidad que marca el final del espacio-tiempo. Dafermos y Luk demostraron que dicho horizonte es, en realidad, una singularidad débil, es decir, que no representa el término del espacio-tiempo; de hecho, una partícula podría atravesarlo. Al contradecir una premisa clave de Penrose, evidenciaron que la censura cósmica fuerte no se cumple en las condiciones investigadas,[41] relacionadas con una versión particularmente exigente de la conjetura. No obstante, formulaciones más débiles de la conjetura (fuerte) no han sido descartadas y siguen mereciendo investigación.

Mientras tanto, persiste un enigma aún más antiguo, que se remonta a la demostración de Kerr de 1963 que reveló una solución a las ecuaciones de Einstein en forma de agujeros negros rotatorios, posteriormente denominados agujeros negros de Kerr. La cuestión es: ¿son estables estos objetos? La estabilidad en este contexto, explicó el matemático de la Universidad de la Sorbona Jérémie Szeftel, «significa que, si comienzo con algo que se asemeja a un agujero negro de Kerr y le provoco una pequeña perturbación (por ejemplo, mediante ondas gravitacionales), lo que se espera, en un futuro lejano, es que todo se estabilice y vuelva a comportarse exactamente como una solución de Kerr».[42] El problema de la estabilidad, añadió el matemático Sergiu Klainerman, «no constituye únicamente una cuestión matemática profunda, sino una con serias implicaciones astrofísicas. De hecho, si la familia Kerr fuera inestable, los agujeros negros no serían más que artefactos matemáticos, fantasmas matemáticos, como me gusta denominarlos».[43] Descubrir «alguna inestabilidad matemática al perturbar los agujeros negros —agregó el físico Thibault Damour— habría planteado un profundo enigma a los físicos teóricos y habría sugerido la necesidad de modificar, en algún nivel fundamental, la teoría gravitatoria de Einstein».[44]

Una de las razones por las que la cuestión de la estabilidad ha permanecido abierta durante tanto tiempo es que la mayoría de las soluciones explícitas a las ecuaciones de Einstein, como la encontrada por Kerr, son estacionarias, refiriéndose a agujeros negros que pueden girar a una velocidad constante pero que no cambian en el tiempo. Pero los agujeros negros que vemos en la naturaleza son objetos dinámicos que pueden acumular materia, arrojar radiación de todo tipo y emitir potentes chorros de plasma incandescente. Para evaluar la estabilidad, los investigadores deben someter a los agujeros negros a pequeñas perturbaciones y luego averiguar qué sucede con las soluciones que describen estos objetos a medida que avanza el tiempo.

Un sistema estable es aquel en el que pequeños cambios producen consecuencias igualmente pequeñas. Por ejemplo, supongamos que tenemos dos cohetes modelo aparentemente idénticos. Primero, lanzamos uno desde un punto determinado y con un ángulo preciso. A continuación, desplazamos el punto de lanzamiento del segundo cohete una pulgada y modificamos la velocidad final al cambiar el ángulo de lanzamiento una décima de grado. Si ambos cohetes terminan por seguir trayectorias muy similares, concluiríamos que el sistema es estable frente a pequeñas perturbaciones. En la relatividad general, el cambio en el punto de lanzamiento ocurriría en cuatro dimensiones en lugar de solo una, y sería necesario ajustar el tensor de momento en vez de simplemente modificar la velocidad.

Para ilustrarlo con otro ejemplo, imaginemos ondas sonoras que rebotan en una copa de vino. Normalmente, las ondas harán vibrar ligeramente la copa, que después se estabilizará. Pero, si alguien cantara lo suficientemente alto y en un tono que coincidiera exactamente con la frecuencia de resonancia de la copa, esta podría romperse. Es evidente que no volvería a su estado inicial de copa normal e intacta. Este escenario representaría, por el contrario, una inestabilidad, un caso donde una pequeña perturbación conduce a un resultado completamente diferente.

Klainerman y Szeftel unieron fuerzas con Elena Giorgi en un artículo de 2022 para investigar si un fenómeno de resonancia similar podría ocurrir cuando un agujero negro recibe el impacto de una perturbación ondulatoria. El trío logró completar el trabajo iniciado por Klainerman y Szeftel en varios artículos anteriores, lo que les permitió demostrar que los agujeros negros de Kerr con rotación lenta son estables.[45]

Los tres matemáticos se basaron en una estrategia denominada demostración por contradicción mediante un argumento que podría resumirse así: la conjetura que pretendían demostrar sostiene que la solución de Kerr existe perpetuamente, incluso cuando se somete a ligeras perturbaciones. Por tanto, asumieron que, por el contrario, «la solución no existe para siempre, sino que hay un tiempo máximo, T_{max}, después del cual la solución deja de existir porque la perturbación se vuelve demasiado intensa —explicó Giorgi—. Entonces, aplicamos algunos recursos matemáticos (un análisis de ecuaciones diferenciales parciales) para demostrar que podemos extender el tiempo más allá de T_{max}».[46] Su suposición inicial quedaba así contradicha, lo que implicaba que la conjetura original debía ser cierta.

A partir de este trabajo, la estabilidad solo quedó demostrada para agujeros negros de rotación lenta, aquellos en los que la relación entre el momento angular, a, y la masa, m, es muy inferior a uno. No pudieron precisar exactamente cuánto menor. Alternativamente, cuando a/m es igual a uno, un agujero negro se clasificaría como extremo, lo que significa que gira a la velocidad máxima teóricamente permitida. El artículo de 2022 se refería a un agujero negro cuyo momento angular se sitúa en algún punto del extremo opuesto del espectro. Aún no se ha alcanzado una «resolución completa» de la conjetura de estabilidad de Kerr, que se aplicaría a cualquier valor físicamente posible del momento angular.

Mientras tanto, otras cuestiones sobre los agujeros negros de Kerr permanecen sin respuesta. Una, que a veces se denomina conjetura de unicidad (o rigidez), sostiene que la única solución a las ecuaciones de Einstein que produce un agujero negro estacionario o en rotación uniforme es, precisamente, la solución de Kerr. Más allá de esto, existe una propuesta aún más amplia y considerablemente más desalentadora, conocida como la conjetura del estado final, que básicamente afirma que, si esperamos lo suficiente, toda la materia quedará contenida dentro de agujeros negros de Kerr. Y, en última instancia, si la conjetura es correcta, el universo evolucionará hacia un número finito de agujeros negros de Kerr que se alejarán entre sí, sin que quede nada más que algo de radiación gravitacional.

Dado que la conjetura del estado final depende de la estabilidad y singularidad de Kerr, así como de la censura cósmica débil y otras condiciones, y puesto que nadie sabe todavía cómo abordar este problema en toda su extensión, nos centraremos, por ahora, en la conjetura de la singularidad, también conocida como teorema de no pelo (aunque este «teorema» debería denominarse técnicamente conjetura, ya que solo se ha demostrado parcialmente, en el mejor de los casos).

El término no pelo puede resultar confuso. Significa que un agujero negro de Kerr aislado se caracteriza completamente por solo dos números: su masa y su espín. Más allá de estos parámetros, no existen características definitorias adicionales, es decir, no hay pelo que permita a un observador distinguir entre dos agujeros negros de igual masa y espín desde la distancia. Esto sería cierto, según establece el teorema, incluso si los objetos se hubieran formado a partir de materiales completamente diferentes (partículas elementales, polvo, estrellas y similares) con historias evolutivas distintas. Este planteamiento suscita la cuestión de si la información podría perderse o destruirse cuando la materia es absorbida por un agujero negro. Según la teoría cuántica, la información debería conservarse, lo que genera la denominada paradoja de la información de los agujeros negros.

Por el contrario, si fuera posible diferenciar dos agujeros negros de idéntica masa y rotación, significaría que sus superficies (u horizontes de sucesos) no son completamente homogéneas; debería preservarse alguna información o pelo que permitiera a un observador externo distinguirlos. Si la información se conservara de este modo, la paradoja asociada desaparecería.

Para no complicar excesivamente nuestra exposición, cabe señalar que el teorema de ausencia de pelo se atribuye habitualmente no solo a los agujeros negros de Kerr, sino también a los de Kerr-Newman, que son básicamente agujeros negros de Kerr (con determinada masa y rotación) que además poseen una carga eléctrica específica. La solución de Kerr-Newman describe la geometría del espacio-tiempo alrededor de una masa giratoria cargada. En este contexto, se considera que un agujero negro queda caracterizado completa y exclusivamente por tres propiedades observables: su masa, su espín y su carga.

Las primeras demostraciones del teorema de no pelo fueron propuestas a principios de la década de 1970 por Brandon Carter, David C. Robinson y Stephen Hawking. Sus argumentos se estructuraban en dos partes. Carter y Robinson demostraron inicialmente que, para un agujero negro axisimétrico en rotación constante, la solución de Kerr es única. Hawking estableció separadamente que, si el horizonte de sucesos del agujero negro presenta una suavidad especial, caracterizada por una propiedad conocida como analítica real, entonces el agujero negro debe ser necesariamente axisimétrico.

Sin embargo, estas demostraciones presentaban limitaciones significativas. Numerosos investigadores consideran que la hipótesis de Hawking sobre la suavidad del horizonte resulta excesivamente restrictiva: la condición analítica real establece, esencialmente, que la geometría local de un objeto, aquella correspondiente a una pequeña región de una superficie o variedad, determina la geometría global o general. Tal afirmación resulta difícil de justificar. Además, ambas demostraciones asumían un entorno de vacío donde un agujero negro no podía acumular masa. Todas las evidencias indican que frecuentemente existe materia en las proximidades de los agujeros negros, consecuencia directa de su inmensa atracción gravitatoria, lo que implica que, aunque la demostración del teorema de ausencia de pelo en el vacío fuera irrefutable, no se aplicaría necesariamente a los agujeros negros astrofísicos reales rodeados de materia.

En 1988, el matemático Robert Bartnik y su estudiante John McKinnon descubrieron un contraejemplo.[47] Bartnik y McKinnon acoplaron por primera vez las ecuaciones gravitatorias de Einstein con las ecuaciones de campo no lineales de Yang-Mills, que rigen las fuerzas nucleares fuerte y débil, así como el comportamiento de sus partículas asociadas. De estas ecuaciones acopladas emergió un tipo diferente de agujero negro, denominado agujero negro de Bartnik, que contradice el teorema de ausencia de pelo. Lo consiguieron al añadir materia al lado derecho de la ecuación de Einstein; esta materia, que adopta la forma del campo de Yang-Mills y sus partículas acompañantes, se incorpora al tensor de energía-impulso, T_{ij}. (En el vacío, como se recordará, T_{ij} es igual a cero). En presencia de un campo de Yang-Mills, explicó el matemático Felix Finster, «un agujero negro no se caracteriza solo por su masa y su espín. Posee algo adicional, partículas o campos». Tiene pelo, en otras palabras.[48]

El resultado de Bartnik y McKinnon se refiere a un agujero negro estático (no rotatorio) con simetría esférica, análogo a un agujero negro de Schwarzschild. El teorema de ausencia de pelo, como se mencionó anteriormente, concierne a los agujeros negros de Kerr o Kerr-Newman. No obstante, si el teorema es válido, debe aplicarse también a los agujeros negros de Schwarzschild, que constituyen casos particulares de la solución de Kerr, con simetría esférica, rotación nula y carga cero. A diferencia de los agujeros negros de Schwarzschild, los agujeros negros que Bartnik y McKinnon formularon en sus cálculos poseían pelo, el denominado pelo de Yang-Mills, lo que implica que dos agujeros negros de Bartnik con masa idéntica presentarían aspectos diferentes. Podrían, por ejemplo, exhibir nubes de partículas ligeramente distintas alrededor de sus respectivos horizontes de sucesos, o adheridas a ellos, lo que distorsionaría dichos horizontes de manera teóricamente perceptible.

Una limitación del resultado de Bartnik-McKinnon, al menos según algunos matemáticos, radica en que su contraejemplo no procedía de una demostración matemática formal, sino de un argumento numérico (computacional). A partir de la década de 1990, Felix Finster, Joel Smoller, Shing-Tung Yau y otros colaboradores dotaron al trabajo de 1988 (Bartnik-McKinnon) de mayor rigor matemático. Demostraron la existencia de agujeros negros estáticos, esféricamente simétricos y con pelo, al identificar un número infinito de tales objetos, todas variaciones del único ejemplo presentado inicialmente por Bartnik y McKinnon.

Una forma de interpretar esta extensión del resultado de Bartnik-McKinnon consiste en retomar nuestro análisis del principio de acción expuesto en el capítulo 3. Las ecuaciones de Einstein pueden derivarse de una acción, denominémosla A_1, que Hilbert demostró, en 1915, que corresponde a una integral de la curvatura escalar. Las ecuaciones de Yang-Mills, que originan el campo homónimo (materia y energía), pueden obtenerse a partir de una acción diferente, A_2, otra integral relacionada con la curvatura. Al acoplar estas ecuaciones, las acciones se combinan mediante suma: $A_1 + cA_2$, donde c representa una constante: no la velocidad de la luz, sino un parámetro de acoplamiento que solo puede adoptar valores discretos. La modificación del valor de c permite obtener un número infinito de soluciones, cada una descriptiva de un agujero negro diferente. Cuanto mayor sea el valor de c, más intenso resultará el campo de Yang-Mills. El aspecto fundamental aquí radica en que estos agujeros negros, cuando son perturbados por la materia de Yang-Mills, poseerán pelo, en contradicción directa con lo establecido por el teorema que Hawking y sus colaboradores demostraron para entornos de vacío.

Existía, sin embargo, un obstáculo considerable: los matemáticos consideraban que los agujeros negros derivados de la solución de Bartnik-McKinnon eran inestables y, por tanto, incapaces de explicar fenómenos físicos reales. Esto resultaba cierto bajo las condiciones asumidas por Hawking, incluida la suposición de un horizonte de sucesos extremadamente suave. Pero, en 2022, aproximadamente cincuenta años después, Yau, Yuewen Chen y Jie Du demostraron que, al relajar dicha condición de suavidad, se obtenía una clase diferente de soluciones: agujeros negros con pelo que, a diferencia de los formulados por Bartnik-McKinnon y Smoller *et al.* presentaban auténtica estabilidad. Esta conclusión implicaría que el teorema de ausencia de pelo no se cumple en presencia de materia, o al menos cuando existe materia del tipo Yang-Mills.[49]

El trabajo de Yau, Chen y Du también sugirió la posibilidad de un «estado final» alternativo: un universo que podría albergar finalmente estos agujeros negros recién formulados (soluciones a las denominadas ecuaciones de Einstein-Yang-Mills) en lugar de los agujeros negros de tipo Kerr más convencionales, como se había teorizado inicialmente.

Con esta reciente adición al catálogo de agujeros negros, ya no existirían únicamente agujeros negros de Kerr y de Schwarzschild (un caso particular de los primeros). Si los agujeros negros estables pudieran poseer pelo, existiría un número infinito de posibilidades, y cada agujero negro presentaría características distintivas ligeramente diferentes.

Los agujeros negros estables de esta clase, según sugirieron Chen, Du y Yau, podrían haberse formado durante las etapas iniciales del universo y pervivir hasta la actualidad como una forma de materia oscura, lo que coincide con el concepto de agujeros negros primordiales que Hawking comenzó a teorizar a principios de la década de 1970.

No obstante, estos contraejemplos al teorema de ausencia de pelo, que configuran un espectro infinito de posibilidades, carecen aún de carácter definitivo, puesto que Chen, Du y Yau presentaron soluciones numéricas, obtenidas mediante cálculo computacional, que no constituyen una demostración formal. Chen, Yau y otros dos matemáticos desarrollan actualmente un argumento matemático riguroso que podría establecer la existencia de una familia de agujeros negros estables con características individuales distintivas. Sin embargo, al tratarse de una investigación en curso, el estatus del teorema de ausencia de pelo debe considerarse todavía indeterminado. Esta incertidumbre, junto con otras cuestiones no resueltas sobre los agujeros negros rotatorios, evidencia que la extraordinaria solución de Roy Kerr contiene aún numerosos aspectos por esclarecer.

Al menos una cuestión fundamental parece haberse resuelto desde la publicación del artículo de Kerr en 1963: la existencia real de los agujeros negros. A pesar del considerable interés matemático que suscitó su resultado, la existencia física de estos objetos era entonces objeto de profundo escepticismo. Ese mismo año comenzaron a surgir evidencias astronómicas y argumentos favorables a su existencia, aunque no se interpretaron necesariamente como tales de inmediato. En 1963, por ejemplo, el astrónomo Maarten Schmidt descubrió los cuásares, los objetos más luminosos del universo, capaces de superar la producción energética total de nuestra galaxia por un factor de centenares o incluso millares. Seis años después, el astrofísico Donald Lynden-Bell propuso que el origen de esta colosal emisión energética procedía de gases calentados a millones de grados al precipitarse hacia un agujero negro gigante, denominado supermasivo, situado en el núcleo galáctico. En 1973, diversos astrónomos sugirieron que una intensa fuente de rayos X denominada Cygnus X-1 podría corresponder a un agujero negro de masa estelar. En 1978, se propuso que la galaxia Messier 87 (M87) alberga un agujero negro supermasivo con una masa equivalente a miles de millones de soles.

A pesar de estas crecientes evidencias y sus interpretaciones plausibles, el escepticismo respecto a la existencia de agujeros negros persistió entre numerosos astrónomos hasta bien entrada la década de 1980. Finalmente, en 2019, una red global de radiotelescopios denominada Event Horizon Telescope capturó la primera imagen de la silueta real en las inmediaciones del agujero negro supermasivo alojado en M87. Para muchos investigadores, esta observación directa resultó definitiva y disipó cualquier duda sobre la realidad física de los agujeros negros en toda la comunidad científica.

En 2020, Roger Penrose recibió el Premio Nobel de Física por utilizar «métodos matemáticos ingeniosos en su demostración de que los agujeros negros son una consecuencia directa de la teoría general de la relatividad de Albert Einstein». Su revolucionario artículo de 1965, según la Academia, «sigue considerándose la contribución más importante a la teoría general de la relatividad desde Einstein».[50] (Penrose precisó posteriormente que la mención del Nobel resultaba «ligeramente engañosa, pues afirmaba que demostré que los agujeros negros son una predicción robusta de la teoría general de la relatividad de Einstein. Lo que realmente demostré es que las *singularidades* [énfasis añadido] constituyen una predicción robusta de la relatividad general».[51] No obstante, esta matización no resta valor a su extraordinario logro).

La física Sabine Hossenfelder observó que, antes del trabajo de Penrose, y los subsiguientes teoremas de singularidad que elaboró con Stephen Hawking, «la mayoría de los físicos consideraba que los agujeros negros eran meras curiosidades matemáticas que aparecen en la relatividad general, pero que no existirían en la realidad. La historia del descubrimiento de los agujeros negros demuestra vívidamente el poder de las matemáticas puras en la búsqueda de la comprensión de la naturaleza».[52]

Esta afirmación recordaba a otra declaración anterior y más general del propio Hawking, quien expresó que «la teoría de los agujeros negros se desarrolló antes de que existieran indicios observacionales de su existencia real. No conozco ningún otro ejemplo en la ciencia donde se haya realizado con éxito una extrapolación tan amplia basada únicamente en el pensamiento teórico».[53]

Y gran parte de ese «pensamiento», como hemos comprobado, se arraigaba firmemente en las matemáticas. La historia ha demostrado, en incontables ocasiones, que el poder de la lógica y del razonamiento puede iluminar ámbitos que nuestras capacidades observacionales aún no han conseguido alcanzar. En este caso, tal esclarecimiento se produjo cuando diversos científicos intentaron resolver una ecuación que su propio autor consideraba posiblemente irresoluble.

CAPÍTULO 5

TRAS LA ONDA GRAVITACIONAL

Paralelamente al desarrollo conceptual sobre los agujeros negros, se abordó una segunda cuestión que también emergía de forma natural de la relatividad general. Esta coincidencia no resulta fortuita, pues el artículo de Albert Einstein del 25 de noviembre de 1915 y el sistema de ecuaciones que introdujo ofrecen una perspectiva completamente renovada de la gravitación y, con ella, hacen concebibles fenómenos inéditos no considerados seriamente hasta entonces. Los agujeros negros no constituyeron las únicas posibilidades novedosas que surgieron.

En junio de 1916, Einstein inició una segunda línea de investigación fundamental al argumentar que, del mismo modo que la presencia de materia podía curvar el espacio-tiempo, la aceleración de la materia podía ondularlo, lo que generaría ondas gravitacionales, similares a las producidas por una embarcación veloz sobre un lago en calma, con la diferencia de que se propagarían a través del espacio-tiempo a la velocidad de la luz.[1]

Esta propuesta trascendió la mera especulación teórica. Einstein fue el primer científico en formular una teoría efectiva de las ondas gravitacionales y el primero en transformar nociones cualitativas sobre estas ondas en expresiones matemáticas explícitas.[2] Y, al igual que ocurrió con los agujeros negros, transcurrió aproximadamente un siglo hasta obtener evidencia concluyente de la existencia del fenómeno postulado.

Einstein albergaba dudas sobre la realidad física de las ondas gravitacionales, como también las tuvo respecto a los agujeros negros. Inicialmente consideró que tales ondas podían generarse mediante la aceleración de masas, de manera análoga a cómo las ondas electromagnéticas se producen por la aceleración de cargas eléctricas. Posteriormente concluyó que este mecanismo resultaba inviable porque, a diferencia de las cargas eléctricas positivas y negativas, no existía el concepto de masa negativa. Comunicó esta conclusión a Karl Schwarzschild en una carta fechada el 19 de febrero de 1916, donde afirmaba que «no existen ondas gravitacionales análogas a las ondas de luz».[3] Sin embargo, pocos meses después, en un artículo del 22 de junio de 1916, Einstein predijo la existencia de tales ondas, aunque generadas por un mecanismo diferente.[4]

Su segundo artículo sobre esta materia, publicado en 1918, corrigió un error presente en su versión de 1916 y estableció los fundamentos para este campo emergente.[5] A partir de sus cálculos revisados, Einstein determinó que las ondas gravitacionales serían extraordinariamente débiles, demasiado tenues, según su estimación, para ser detectadas con la tecnología previsible. En un artículo redactado en 1936 junto con su asistente, Nathan Rosen, descubrió que cualquier solución a las ecuaciones de campo de la relatividad general que produjera ondas gravitacionales contendría inevitablemente una singularidad espacio-temporal. En el borrador inicialmente presentado a *Physical Review*, llegaron a la conclusión de que, si aceptar el concepto de ondas gravitacionales implicaba admitir la realidad física de las singularidades, entonces las ondas gravitacionales no podían existir (aunque Einstein introdujo modificaciones fundamentales en ese manuscrito posteriormente).

En una carta enviada al físico Max Born ese mismo año, Einstein escribió: «Junto con un joven colaborador [Rosen], llegué a la interesante conclusión de que las ondas gravitacionales no existen».[6] Incluso tenía programado dar una conferencia ese año en Princeton sobre la «Inexistencia de las ondas gravitacionales», pero suavizó su postura después de que un colega le informara de un error en su artículo con Rosen. Durante la charla, Einstein dijo: «Si me preguntan si existen las ondas gravitacionales o no, debo responder que no lo sé. Pero es un problema muy interesante».[7]

La historia ha demostrado que fue prudente al adoptar una posición más moderada en esa charla, y también acertó en su valoración de que las ondas gravitacionales serían muy débiles y, por tanto, muy difíciles de observar. Los físicos se dieron cuenta más tarde de que la única esperanza de detectar estas ondas sería que se produjeran en un acontecimiento verdaderamente violento y cataclísmico, como la colisión a alta velocidad y posterior fusión de dos agujeros negros. Y violento es la palabra adecuada para describir tal suceso. «Imagine tomar 30 soles y empaquetarlos en una región del tamaño de Hawái —dijo Vijay Varma, físico del Instituto Albert Einstein de Potsdam, Alemania—. Luego tome dos de esos objetos y acelérelos a la mitad de la velocidad de la luz y haga que choquen».[8] Esa es la receta para un choque de proporciones épicas, y uno que podría producir rastros detectables.

Esto no resultaba evidente en un principio. La solución de Schwarzschild describe una situación mucho más estática: la de una masa esférica, estacionaria y solitaria, situada en un espacio vacío, sin variaciones temporales. La solución de Kerr presenta otra situación comparativamente sencilla: la de una masa única, no perfectamente esférica, que rota a velocidad uniforme en un espacio vacío. Nuevamente, nada cambia con el tiempo. Sin embargo, dos agujeros negros de Kerr rotatorios suficientemente próximos iniciarán un movimiento orbital mutuo en trayectorias progresivamente más reducidas y a velocidades crecientes hasta colisionar y finalmente fusionarse, con oscilaciones posteriores similares a las de una campana tras un fuerte impacto. Las ondas gravitacionales se emiten durante cada fase de este proceso y alcanzan su máxima intensidad en el momento del choque.

El escenario de un sistema binario de agujeros negros de Kerr presenta una complejidad muy superior a la de un agujero negro aislado e inmóvil. Para simplificar el problema, los investigadores adoptan un modelo reducido, en el que el espacio-tiempo local contiene únicamente dos agujeros negros. Se analiza la situación desde la perspectiva de un observador distante, situado en una región alejada donde las condiciones físicas permanecen estables y la curvatura del espacio-tiempo es prácticamente nula. Incluso con esta simplificación, persiste un desafío considerable: determinar cómo evolucionan temporalmente los sistemas gravitacionales en el marco de la relatividad general.

Un paso fundamental hacia ese objetivo consiste en formular y resolver lo que se conoce como problema del valor inicial, también denominado problema de Cauchy, para las ecuaciones de campo de Einstein. Esto significa, específicamente, que se parte de un tiempo inicial con una geometría particular del espacio-tiempo, que satisface las ecuaciones de Einstein, y se analiza si, a medida que el sistema evoluciona, se puede obtener posteriormente una solución de esas mismas ecuaciones. En términos más sencillos: ¿existe una solución a las ecuaciones de Einstein conforme avanzamos hacia el futuro? Y, en caso afirmativo, ¿hasta qué punto pueden extenderse estos cálculos?

La pregunta puede formularse en términos aún más amplios: ¿están bien planteadas las ecuaciones de la relatividad general, resueltas únicamente en un número limitado de casos especiales, como hizo Schwarzschild en 1916 y otros investigadores posteriormente? Una pregunta bien planteada es aquella matemáticamente sensata. El concepto de ecuaciones bien planteadas (y mal planteadas) fue introducido en un artículo de 1902 por el matemático francés Jacques Hadamard, quien estableció tres criterios fundamentales:[9] en primer lugar, debe existir una solución a la ecuación (o ecuaciones). En segundo lugar, la solución debe ser única, concretamente única «localmente», es decir, persistente durante un breve intervalo temporal. El tercer criterio concierne a la previsibilidad de las ecuaciones: si conocemos la condición inicial de un sistema en un momento determinado —como la posición, velocidad y momento angular de un objeto—, ¿puede la teoría predecir su estado futuro? ¿Y pequeñas variaciones en esas condiciones producirán cambios igualmente pequeños en la solución? Satisfacer estos últimos aspectos resulta absolutamente crucial porque, si el resultado no dependiera del estado y la configuración iniciales, entonces la causalidad, la relación entre causa y efecto que constituye un pilar fundamental de la ciencia, no se mantendría. En resumen, las ecuaciones bien planteadas deben proporcionar una solución única y no excesivamente sensible a ligeras variaciones en las condiciones. Un sistema que cumple las especificaciones anteriores, donde las magnitudes varían de forma continua —un pequeño cambio aquí produce un pequeño cambio allá— se considera estable. Sin embargo, no se supo hasta mediados del siglo XX, casi cuatro décadas después de que Einstein formulara sus ecuaciones de campo, si estas realmente satisfacían el estándar de bien planteadas y si resultaban fiables para obtener resultados significativos, especialmente en circunstancias extremas y turbulentas como, por ejemplo, dos agujeros negros que se precipitan uno hacia otro en una colisión catastrófica.

En 1952, la matemática francesa Yvonne Choquet-Bruhat ofreció la primera demostración de que la versión no lineal de las ecuaciones de Einstein produciría ondas gravitacionales que se propagan a velocidad finita. Einstein, en su artículo de 1916, había encontrado soluciones ondulatorias para una forma lineal simplificada de las ecuaciones basada en la suposición de que, lejos de la fuente del campo gravitacional, la gravedad sería muy débil y los efectos no lineales podrían despreciarse. «Sin embargo, él [Einstein] sabía que la linealización puede introducir artefactos ausentes en el caso general —explicó la matemática Lydia Bieri—.[10] Sabía que, cuando se linealizan las ecuaciones, se modifican, y es posible introducir elementos inexistentes y omitir otros presentes».[11] Choquet-Bruhat también fue la primera en demostrar la buena formulación de las ecuaciones de Einstein. Su tesis doctoral, publicada en 1952 y que contenía varias demostraciones,[12] se ha convertido en «uno de los resultados más importantes en la historia de la relatividad general», según Bieri.[13] Gran parte de lo que se realiza actualmente [en relatividad matemática] tiene su origen en ese artículo de 1952.[14]

Una de las contribuciones de Choquet-Bruhat fue demostrar que las ecuaciones de Einstein son hiperbólicas, un tipo de ecuación diferencial parcial (EDP) que se comporta como una ecuación de onda. Las ecuaciones de este tipo pueden, por ejemplo, modelar cómo las ondas se desplazan en ambas direcciones a lo largo de una cuerda de guitarra pulsada, situación que implica un movimiento continuo y cambios temporales continuos. (Existen otros dos tipos de EDP: las ecuaciones elípticas, que describen el espacio en un único instante temporal y muestran, por ejemplo, el campo gravitatorio producido por una configuración determinada de masas; y las ecuaciones parabólicas, que pueden describir, entre otros fenómenos, procesos de difusión, como la forma en que una gota de leche se distribuye gradualmente de manera más uniforme en una taza de café).

Choquet-Bruhat se basó en un resultado completamente nuevo del matemático Jean Leray, su supervisor de posdoctorado en el Instituto de Estudios Avanzados, quien demostró en 1952 que una clase particular de ecuaciones diferenciales parciales hiperbólicas están bien planteadas. La estrategia de Choquet-Bruhat consistió en demostrar que las ecuaciones de Einstein entran en esta misma categoría de ecuación hiperbólica. Aunque hay formas de escribir las ecuaciones de Einstein que no son hiperbólicas, ella descubrió cómo escribirlas en la forma hiperbólica adecuada, lo que a su vez le permitió aprovechar el resultado de Leray.

El desafío al que se enfrentó Choquet-Bruhat consistía en elegir el sistema de coordenadas adecuado que diera a las ecuaciones de campo propiedades matemáticas especialmente buenas. Sus predecesores se habían visto obstaculizados durante mucho tiempo por la confusión sobre las coordenadas. Una cuestión que permaneció sin resolver durante años, y de hecho décadas, fue si las ondas gravitacionales que aparecieron en los primeros cálculos de Einstein eran ondas físicas genuinas o simplemente subproductos de las coordenadas elegidas. Eso era similar al debate que se produjo sobre la realidad de la singularidad que surgió en la solución de Schwarzschild para una masa esférica solitaria en el vacío. Arthur Eddington, escéptico sobre ambas posibilidades, hizo el comentario sarcástico de que las ondas gravitacionales se propagan «a la velocidad del pensamiento».[15]

En su tesis doctoral de 1952, Choquet-Bruhat demostró que las ondas gravitacionales no eran artefactos matemáticos. Para demostrarlo, introdujo un nuevo tipo de sistema de coordenadas —que implicaba las denominadas coordenadas armónicas u ondulatorias— en el que las ecuaciones diferenciales de la relatividad general asumían la estructura hiperbólica deseada y, por tanto, se volvían bien planteadas y solucionables.

Una ventaja de abordar el problema en este contexto es que las coordenadas armónicas se ajustan automáticamente al paso de las ondas gravitacionales. En lugar de pensar en el espacio-tiempo de cuatro dimensiones, que es difícil de imaginar, el físico Frans Pretorius sugirió una analogía más sencilla: «Imagine dividir un estanque en una cuadrícula y poner un patito de goma en cada sección de la cuadrícula. Si no hay olas, los patos se quedan quietos. Cuando pasa una ola, los patos suben y bajan. Aunque los patos se mueven, mantienen una posición fija con respecto a las coordenadas, y eso no cambia la forma en que se etiquetan sus posiciones».[16] Por esta razón, las coordenadas armónicas de Choquet-Bruhat ofrecían el marco ideal para ver y analizar las ondas gravitacionales.

Choquet-Bruhat empleó otro recurso matemático denominado descomposición 3 + 1, que consiste en tomar una variedad espacio-temporal de cuatro dimensiones y separar el componente temporal. De este modo, se obtienen una serie de secciones tridimensionales, o hipersuperficies, cada una representativa del espacio en un instante particular. Al unir todas estas secciones, una tras otra, secuencialmente, se puede reconstruir el espacio-tiempo completo. Este enfoque podría parecer contradictorio, dado que Minkowski se esforzó considerablemente por unificar espacio y tiempo. En este caso, sin embargo, resultó necesario separarlos nuevamente, extrayendo literalmente la dimensión temporal, para analizar cómo el espacio mismo evoluciona de un instante al siguiente.

Choquet-Bruhat no inventó este formalismo 3 + 1. Fue desarrollado inicialmente por el matemático Georges Darmois en la década de 1920, posteriormente generalizado por André Lichnerowicz (director de la tesis doctoral de Choquet-Bruhat) en las décadas de 1930 y 1940, y ampliado aún más por la propia Choquet-Bruhat en un artículo de 1948.[17] No obstante, aunque Darmois y Lichnerowicz reconocieron que la estrategia 3 + 1 podía constituir una herramienta útil, fue Choquet-Bruhat quien implementó por primera vez este formalismo para demostrar la existencia de una solución única al problema del valor inicial en la relatividad general.

«Su genialidad consistió en aplicar la división 3 + 1 en este caso —afirmó el matemático Martin Lesourd—, y lo hizo desde una perspectiva puramente matemática. Con ello, dotó a la relatividad general de mayor rigor y la hizo más susceptible de estudio matemático».[18]

Este trabajo por sí solo no demostró completamente que las ecuaciones de campo de la relatividad general estuvieran bien planteadas. La demostración de Choquet-Bruhat en 1952 constituye lo que se denomina un teorema de existencia y unicidad local. Local en este contexto significa que, si se especifican las

146

condiciones iniciales de un sistema en un momento determinado, existirá una única solución durante un breve periodo posterior, aunque se desconoce si esta solución perdurará indefinidamente. Incluso con esta limitación, el trabajo de Choquet-Bruhat se considera un avance trascendental.

En 1969, Choquet-Bruhat colaboró con el físico matemático Robert Geroch para elaborar una demostración de existencia «global», aunque no completamente global, pues no podía garantizarse su validez perpetua. Su método consistió en partir de una configuración inicial, utilizar su demostración de existencia y unicidad local para avanzar temporalmente un pequeño intervalo, y repetir este proceso sucesivamente, progresando paso a paso, hasta donde las ecuaciones permitieran llegar, antes de que una singularidad apareciera en la solución y los obligara a detenerse.[19]

Esto plantea la cuestión: ¿hasta dónde pueden llegar los matemáticos? Choquet-Bruhat y Geroch demostraron que se puede avanzar hacia el futuro durante cierto tiempo (aunque no necesariamente ilimitado). Pero ¿puede esta evolución continuar indefinidamente? ¿Existe un escenario donde se pueda predecir con certeza lo que ocurrirá (y lo que no ocurrirá) hasta $t =$ infinito?

Una respuesta fundamental llegó veinticinco años después, formulada por los matemáticos Demetrios Christodoulou y Sergiu Klainerman, quienes evaluaron la estabilidad del espacio-tiempo más simple posible: el espacio plano y vacío de Minkowski. Shing-Tung Yau desempeñó un papel importante en las etapas iniciales de este proyecto. Tras la obtención del doctorado por Klainerman en la Universidad de Nueva York en 1978, este inició una beca en la Universidad de California, Berkeley, y poco después visitó a Yau en Stanford para discutir posibles proyectos de investigación. Klainerman se había especializado en ecuaciones de ondas no lineales, de las cuales las ecuaciones de vacío de Einstein constituyen un ejemplo destacado, pero carecía de interés por la relatividad general, actitud predominante entre los matemáticos de aquella época.

Sin embargo, dados los antecedentes de investigación de Klainerman, Yau lo animó a investigar la estabilidad del espacio de Minkowski. Yau estaba personalmente interesado en esta cuestión porque él y Richard Schoen habían demostrado recientemente un teorema (que se tratará en el capítulo 7) que demostraba que la masa de un sistema físico aislado debía ser positiva, o al menos no negativa. Gracias a este trabajo, sabía que la energía del espacio de Minkowski era cero y que nunca podía ser inferior a cero, pero no sabía si el espacio en sí era dinámicamente estable. Si el espacio se perturbaba de alguna manera, si recibía una «patada», por así decirlo, podría salir de ese intercambio con una energía más alta. Esa posibilidad no podía descartarse sin más. Klainerman finalmente se unió a Christodoulou, quien también había discutido el problema en profundidad con Yau, para demostrar que eso no sucedería, que la energía del espacio de Minkowski permanecería inalterada, bloqueada en cero, incluso ante una perturbación.

El escenario de su investigación era un vacío, totalmente carente de materia, que ocasionalmente podía verse perturbado por el paso de ondas gravitacionales débiles. Una situación análoga sería la de un lago en un día tranquilo y sin viento, cuya superficie, por lo demás lisa, se ve perturbada por alguien que lanza alguna que otra piedra desde la orilla. Cuando eso ocurre, se forman pequeñas olas que finalmente desaparecen, y la superficie vuelve a quedar lisa, es decir, hasta que se lanza la siguiente piedra. En tales circunstancias, el lago se considera estable. El lanzamiento de una sola piedra, o incluso de varias, no hará que las cosas se desmadren.

Christodoulou y Klainerman demostraron algo similar con respecto al espacio-tiempo de Minkowski. También es estable porque las ondas gravitacionales no se acumulan y eventualmente se convierten en singularidades. Sin embargo, la solución no era nada obvia. Aunque las ondas se dispersan y se debilitan en la teoría lineal, pueden acumularse en la teoría no lineal. Y las ondas que empiezan débiles no siempre permanecen débiles. Ese fue uno de los factores que hicieron que este problema fuera tan desafiante.

Después de dedicar unos siete años a trabajar en el problema, Christodoulou y Klainerman construyeron una prueba en 1993 que tenía más de 500 páginas.[20] Estableció un hito importante, según el matemático Mihalis Dafermos, «porque no se puede hablar de la estabilidad de los agujeros negros si no se sabe hablar de la estabilidad del espacio plano».[21] Y el mencionado artículo sobre la estabilidad de los agujeros negros de Kerr (de Giorgi *et al.*) siguió, de hecho, una estrategia general que se había introducido en la prueba de Minkowski casi treinta años antes.

El trabajo conjunto con Klainerman en 1993 representó el primer esfuerzo de Christodoulou por extender el análisis geométrico —un campo en el que Yau y varios colegas fueron pioneros al combinar el análisis, una forma de cálculo, con la geometría— llevándolo del dominio de las ecuaciones elípticas, en el que todo ocurre en una sola instancia de tiempo, al dominio de las ecuaciones hiperbólicas, que incorporan el paso del tiempo. Klainerman también es considerado una figura destacada que ayudó a llevar las ecuaciones hiperbólicas al ámbito de la relatividad general.

Este trabajo de Christodoulou, Klainerman y otros investigadores marcó el inicio de una «nueva era en la relatividad general matemática fundamentada en la confluencia de la teoría de ecuaciones hiperbólicas no lineales y el uso profundo de la geometría global», señaló Dafermos,[22] quien, como estudiante universitario en Harvard durante la década de 1990, recibió su introducción al análisis geométrico de manos de Yau. En otro artículo publicado en 1991, Christodoulou ahondó en el denominado efecto de memoria gravitacional no lineal. Este concepto plantea que, cuando una onda gravitacional atraviesa un dispositivo experimental, produce un desplazamiento temporal de las masas de prueba. Estas masas retornan a una posición estacionaria poco después del paso de las ondas.

Christodoulou demostró, no obstante, que las masas de prueba no retornan exactamente a sus posiciones iniciales; la geometría del espacio-tiempo preserva una huella de la onda gravitacional que la ha atravesado, lo cual produce una modificación permanente, un efecto con magnitud suficiente para ser detectado. Según explicó, el espacio-tiempo plano resultante presenta ligeras diferencias respecto al espacio-tiempo plano original, como consecuencia directa de la no linealidad propia de las ecuaciones de Einstein.[23] Este fenómeno contrasta con lo que ocurre en la superficie de un lago alterada momentáneamente por el impacto de una piedra, ya que el lago recupera finalmente su estado inicial. La superficie acuática no conserva ninguna marca permanente de las ondulaciones provocadas por la piedra, que ahora descansa inmóvil en el fondo.

Christodoulou especuló, aunque sin demostrarlo, que el efecto memoria (es decir, el desplazamiento permanente de las masas de prueba) podría verse amplificado por otras formas de energía, como la radiación electromagnética, cuando estas interactúan con la radiación gravitacional. Este efecto memoria se intensificaría, según su hipótesis, siempre que la radiación electromagnética no presentara una magnitud uniforme en todas las direcciones. (Esta conjetura fue demostrada en 2011 por los matemáticos Lydia Bieri, Po-Ning Chen y Yau.[24] Un artículo publicado en 2016 en *Physical Review Letters* por el físico Paul Lasky y sus colaboradores mostró cómo podría detectarse el efecto memoria en los observatorios de ondas gravitacionales existentes mediante el análisis combinado de señales procedentes de «docenas de eventos cercanos»).[25] En 2007, Christodoulou publicó un importante trabajo de seiscientas páginas titulado «The Formation of Black Holes in General Relativity» (La formación de los agujeros negros en la relatividad general). Esta investigación parte de la contribución realizada por Penrose en 1965, quien demostró que la presencia de una superficie cerrada atrapada implica necesariamente que cierta región del espacio-tiempo permanece inaccesible a cualquier observación exterior; dicho de otro modo, un agujero negro se oculta inevitablemente tras este velo impenetrable. El reto afrontado por Christodoulou, mediante el uso de ecuaciones de tipo hiperbólico, fue determinar cómo podrían originarse estas superficies atrapadas en tal escenario. Logró demostrar, de acuerdo con los principios de la relatividad general, que las superficies atrapadas pueden formarse mediante la «concentración» de ondas gravitacionales, específicamente cuando se acumula energía suficiente en forma de estas ondas dentro de una región espacial lo bastante pequeña. Según señaló Dafermos, este artículo «impulsó múltiples líneas de investigación sobre cuestiones afines» que continúan ocupando actualmente a los especialistas en relatividad matemática.[26]

En efecto, durante su etapa inicial, prácticamente todos los avances en relatividad general, incluidos aquellos que ampliaron nuestra comprensión de las ondas gravitacionales, procedieron fundamentalmente del trabajo en matemáticas y física teórica. No obstante, a partir de la década de 1970, comenzaron a producirse progresos paralelos en el campo observacional, lo que permitió que la ciencia retomara su dinámica más característica, sustentada en la interacción entre teoría y experimentación.

En 1974 se produjo un gran avance cuando el astrónomo Joseph Taylor y su estudiante de posgrado Russell Hulse descubrieron el primer púlsar binario. Un púlsar es una estrella de neutrones con rotación rápida que emite pulsos periódicos de ondas de radio. Taylor y Hulse detectaron un par de estas estrellas en órbita muy próxima. Los análisis efectuados por Taylor y sus colaboradores durante los cuatro años posteriores revelaron que este sistema binario perdía energía constantemente, y que la cantidad de energía disipada coincidía casi exactamente (con una desviación aproximada del medio por ciento) con la que, según predice la relatividad general, debería emitirse como ondas gravitacionales cuando dos cuerpos de gran masa orbitan mutuamente de esta manera.[27] Este hallazgo constituyó la primera evidencia convincente (aunque indirecta) de la existencia de ondas gravitacionales, y también proporcionó un nuevo impulso al desarrollo de detectores específicos, una labor que ya estaba en marcha.

En 1972, el físico del MIT Rainer Weiss diseñó un detector de ondas gravitacionales basado en interferometría láser partiendo de la premisa de que estas ondas, al comprimir el espacio en una dirección mientras lo estiran simultáneamente en dirección perpendicular, podrían alterar la forma en que dos haces perpendiculares de luz láser interfieren entre sí en su punto de convergencia. En 1980, la Fundación Nacional de Ciencias de Estados Unidos (NSF) financió la construcción de un prototipo de detector interferométrico desarrollado por Weiss y, paralelamente, un dispositivo independiente a cargo de un grupo con sede en Caltech. Una década después, la Junta Nacional de Ciencias, organismo supervisor de la NSF, aprobó la financiación del Observatorio de Ondas Gravitacionales por Interferometría Láser (LIGO), un observatorio único constituido por dos detectores, uno en Luisiana y otro en Washington, cada uno distribuido en varios kilómetros cuadrados de terreno. Ambos detectores se situaron a una distancia entre sí de aproximadamente tres mil kilómetros (1865 millas) para que los investigadores pudieran confirmar con mayor certeza que una señal detectada correspondía efectivamente a una onda gravitacional y no a algún tipo de interferencia terrestre local.

La construcción en ambos emplazamientos se inició en 1994, y las operaciones preliminares comenzaron en 2002. No obstante, para maximizar las posibilidades de éxito de LIGO había que resolver un problema fundamental: las soluciones en relatividad general para una sola masa en el espacio-tiempo son, como hemos visto, difíciles de obtener. En este contexto, la situación de dos agujeros negros que se precipitan hacia una fusión catastrófica resulta excesivamente compleja para obtener una solución exacta o analítica mediante cálculos teóricos con lápiz y papel. De hecho, el problema de dos cuerpos, que comprende dos masas unidas gravitacionalmente aunque sean completamente ordinarias, sin relación alguna con agujeros negros o colisiones violentas, no admite actualmente una solución exacta. Diversos investigadores consideran que tal solución podría ser intrínsecamente inalcanzable por razones teóricas fundamentales.

Para problemas de esta naturaleza, los especialistas deben recurrir a los métodos de la relatividad numérica, que aprovechan la potencia computacional para realizar aproximaciones extremadamente precisas mediante la ejecución de miles de millones de cálculos. Uno de los objetivos principales de esta disciplina ha sido modelar la colisión entre agujeros negros y calcular la forma de onda gravitacional resultante, es decir, el patrón de las ondas producidas durante toda la interacción, así como su amplitud y frecuencia. Sin esta información fundamental, los investigadores del LIGO no habrían podido identificar qué señales buscar ni interpretar correctamente los datos obtenidos.

Sin embargo, los físicos e informáticos que perseguían este objetivo enfrentaron diversos obstáculos. Desde entonces, varios miembros de esta comunidad han adoptado el enfoque general que Pretorius introdujo en 2005 con su simulación de una fusión de agujeros negros, la cual proporcionó un valor para el momento angular del agujero negro resultante y sugirió que aproximadamente el 5 % de la masa inicial del sistema se transformaría en ondas gravitacionales.

Un elemento fundamental en la estrategia de Pretorius fue implementar una versión modificada de las coordenadas armónicas desarrolladas por Choquet-Bruhat. Hasta ese momento, su trabajo había sido prácticamente ignorado por la comunidad de relatividad numérica. Más aún, circulaban diversas conjeturas que desaconsejaban el uso de coordenadas armónicas para modelar ondas gravitacionales, opiniones que habían obstaculizado el avance en este campo. Pretorius, no obstante, decidió comprobar si las ecuaciones que habían funcionado tan eficazmente en matemáticas podían aplicarse también en relatividad numérica. El resultado demostró que efectivamente era posible.

Dado que los algoritmos computacionales no pueden procesar singularidades, Pretorius también aplicó una técnica denominada escisión, que le permitió literalmente eliminar la singularidad de un agujero negro del cálculo. Esta estrategia resulta válida, según explicó, porque, si la singularidad permanece oculta tras un horizonte de sucesos, «nada puede escapar al exterior para contaminar la señal [de onda gravitacional] que se intenta calcular».[28]

Como hemos analizado extensamente, las demostraciones en relatividad general pueden resultar extremadamente complejas debido a las complejas ecuaciones no lineales que deben resolver los especialistas. Por tanto, los avances en relatividad numérica son fundamentales e imprescindibles, aunque los resultados de estos esfuerzos no poseen, ni pueden poseer, el rigor de las demostraciones matemáticas completas. Los investigadores de LIGO han creado una «biblioteca» de soluciones a las ecuaciones de Einstein para colisiones entre agujeros negros y estrellas de neutrones de diversas masas. Esta base de datos ha contribuido sustancialmente a que los científicos detecten señales reales de ondas gravitacionales e interpreten correctamente sus observaciones.

Efectivamente, ambos detectores del LIGO registraron un fenómeno notable el 14 de septiembre de 2015. Tras un análisis exhaustivo, los científicos del observatorio LIGO y su homólogo europeo, Virgo, anunciaron el 11 de febrero de 2016 la primera observación directa de ondas gravitacionales, producidas en este caso por la fusión de dos agujeros negros situados a aproximadamente mil trescientos millones de años luz de distancia, uno con masa equivalente a 29 soles y el otro con masa de 36 soles. El hallazgo se presentó en una conferencia de prensa celebrada en Washington ese mismo mes, casi exactamente cien años después de que Einstein predijera que las ondas gravitacionales se generarían durante eventos cósmicos violentos.

Este descubrimiento, como hemos analizado, se fundamenta en una ingeniosa combinación de física, matemáticas e informática. Desde entonces, se han detectado aproximadamente cien eventos de ondas gravitacionales —producidos por la fusión de dos agujeros negros, dos estrellas de neutrones o, al menos en un caso, un agujero negro y una estrella de neutrones— en LIGO y Virgo.[29] Sin duda, se observarán muchos más fenómenos a medida que se incorporen a la investigación instrumentos más potentes, tanto terrestres como espaciales.

Este logro, sin embargo, trasciende la mera acumulación progresiva de estudios de caso que documentan individualmente colisiones cósmicas de violencia inconcebible, por relevante que esto resulte. La narrativa más significativa podría ser cómo las matemáticas y la física, la teoría y la experimentación, han convergido sinérgicamente para dar origen al nuevo campo de la astronomía de ondas gravitacionales y abrir así una ventana inédita al universo. A través de este portal, los científicos han comenzado a explorar misterios y fenómenos anteriormente inaccesibles, que posiblemente se encuentran más allá de lo que nuestra imaginación, sin el respaldo de evidencia experimental, habría podido concebir.

CAPÍTULO 6

UNA ECUACIÓN PARA TODO EL UNIVERSO

A l igual que el interés de Isaac Newton por la gravedad se originó, según la tradición popular, con una manzana que cae de un árbol, el interés de Albert Einstein por ese mismo fenómeno surgió de sus reflexiones sobre un hombre que se precipita desde un tejado. Varios años después, Einstein dirigió su atención hacia un problema de mayor alcance: los movimientos planetarios en nuestro sistema solar, particularmente el de Mercurio y sus peculiares desplazamientos alrededor del Sol. Y en su monumental artículo de marzo de 1916, «Foundation of the General Theory of Relativity», analizó cómo el campo gravitatorio solar afectaría y desviaría la luz procedente de una estrella distante.

Un año más tarde, Einstein amplió considerablemente su perspectiva. Reconoció que su teoría no se limitaba a los principios que rigen el movimiento de los objetos (incluidos los rayos de luz) a través del universo por trayectorias determinadas por la curvatura del espacio-tiempo. En un artículo titulado «Cosmological Considerations in the General Theory of Relativity», que presentó ante la Academia de Ciencias de Prusia en febrero de 1917 (y que apareció publicado en las actas de la Academia una semana después), explicó cómo los principios de la relatividad general podían aplicarse al universo en su totalidad, lo que estableció la cosmología —un campo hasta entonces fundamentado principalmente en especulaciones y dictámenes— sobre bases mucho más sólidas. Y los fundamentos de la cosmología moderna, que Einstein estableció aquel año, continúan dominando este campo en la actualidad.

En una carta que redactó en 1953, dos años antes de su fallecimiento, Einstein explicó los objetivos de este esfuerzo en términos amplios y sencillos: «Estamos frente a una caja cerrada que no podemos abrir, y nos esforzamos por descubrir qué hay y qué no hay en ella».[1] Para vislumbrar el interior de la caja que representa nuestro universo, los científicos del siglo XX dispusieron de una poderosa herramienta: las matemáticas plasmadas en las ecuaciones de campo de la relatividad general. A principios de ese siglo, cuando las capacidades observacionales resultaban sumamente limitadas, las matemáticas ofrecían una vía fundamental, a veces la única, para explorar el cosmos. Describir nuestro vasto y posiblemente infinito universo mediante una sola ecuación (o, más precisamente, un único *conjunto* de ecuaciones) podría considerarse un acto de arrogancia, pero Einstein no temía enfrentarse a retos aparentemente imposibles. Sin embargo, intuía la extremada audacia de su objetivo, y así le confesó a su amigo el físico Paul Ehrenfest: «He perpetrado algo nuevo en la teoría de la gravitación, lo que me expone al peligro de ser internado en un manicomio. Espero que no exista ninguno por allí en Leiden para poder visitarle de nuevo con seguridad».[2] También admitió en una carta diferente al matemático y astrónomo Willem de Sitter que en este, el primer intento de cosmología relativista general, había «construido solamente un castillo en el aire. Si el modelo que he construido para mí mismo se corresponde con la realidad, es otra cuestión».[3]

Un problema fundamental que enfrenta la teoría de Einstein, o cualquier teoría gravitatoria, radica en la premisa de que toda la materia atrae a toda la materia. Y si ese fuera efectivamente el caso, ¿qué impediría que el universo colapsara, o incluso implosionara, debido a la incesante atracción gravitacional? Newton no había ofrecido respuesta a esta cuestión, pero Einstein consideró que podría existir un modo de abordarla. «La conclusión a la que llegaré es que las ecuaciones de campo gravitatorio que he defendido hasta ahora requieren aún una ligera modificación, de modo que, sobre la base de la teoría general de la relatividad, puedan evitarse las dificultades fundamentales que han surgido como obstáculo para la teoría newtoniana», escribió en su artículo de 1917.[4]

Einstein buscaba un modelo que representara un universo estático, inmóvil e invariable en el tiempo, ya que él —y prácticamente todos sus contemporáneos— no percibían indicios de que el universo estuviera expandiéndose, contrayéndose o experimentando cualquier cambio distinto a la quietud. Para alcanzar este objetivo, Einstein formuló algunas hipótesis que, en esencia, estaban todas interrelacionadas. En primer lugar, para tratar el universo como un todo, en lugar de abordar partes aisladas del mismo (como una galaxia, una estrella o un agujero negro individuales), Einstein adoptó el principio de homogeneidad, el concepto de que en todas las direcciones, y a las escalas mayores, «la densidad media de la materia es idéntica en todas partes y diferente de cero». Esta suposición de que, «en todo el espacio», la materia y la energía se distribuyen uniformemente[5] hizo que el problema resultara mucho más abordable. Y, ciertamente, fue corroborada por observaciones astronómicas posteriores.

También tuvo que abordar el problema de calcular la geometría del espacio-tiempo en un universo donde la materia y la energía se extienden hasta el infinito. «Creo que Einstein demostró su grandeza en la forma simple y drástica en que resolvió las dificultades en el infinito», señaló Arthur Eddington. «Abolió el infinito. Alteró ligeramente su ecuación para hacer que el espacio a grandes distancias se curvara hasta cerrarse».[6] En otras palabras,

Einstein dio forma a un universo que se curvaba en una esfera debido a la presencia de masas, lo que significaba que no había un borde o límite definido que tuviera que incluir en sus cálculos, otra simplificación que hizo su tarea más manejable.

Para lograr la geometría esférica de un universo espacialmente cerrado, decidió además añadir un nuevo término, designado por la letra griega lambda (Λ), a las ecuaciones de campo que había «defendido hasta entonces». Este término cosmológico o constante universal, ahora denominado constante cosmológica, hizo algo más que eliminar la necesidad de determinar las condiciones en un límite infinitamente distante. También satisfizo el deseo de Einstein de construir mediante las matemáticas un universo estático y estacionario, uno en el que, como él mismo afirmó, «la magnitud (radio) del espacio es independiente del tiempo».[7] Es decir, un universo que se ajustara a la imagen de estabilidad que él y otros científicos habían concebido.

Las ecuaciones de Einstein en su formulación original de 1915 (previas a la constante cosmológica) no describían un universo estático, sino uno en continua transformación, siempre expandiéndose o contrayéndose, aunque fuera mínimamente, pero nunca totalmente inmóvil. Esta característica estaba literalmente incorporada y garantizada por las matemáticas. Sin embargo, en este caso, Einstein se apartó de las ecuaciones que lo habían conducido tan lejos, motivado por su deseo de encontrar una solución que concordara con su concepción de un universo plácido, en reposo y equilibrio. De hecho, el propósito principal del término recién incorporado era proporcionar una especie de fuerza repulsiva de «antigravedad» que contrarrestara la tendencia de la gravedad a atraer la materia, con el fin de eludir el problema del colapso universal que amenazaba tanto a la teoría de Newton como a la suya propia. Así se presentaban las ecuaciones de campo modificadas de Einstein con esta nueva adición:

$$R_{ij} - \frac{1}{2}Rg_{ij} + \Lambda g_{ij} = T_{ij}$$

o, expresado de forma más simple,

$$G_{ij} + \Lambda g_{ij} = T_{ij}.$$

(Esta ecuación a veces se escribe con una constante, κ o $-\kappa$, un término que incorpora π, la constante gravitacional, G, y la velocidad de la luz, c, que se coloca directamente antes del término T_{ij}).

Dado que Einstein insertó lambda en el lado izquierdo de la ecuación, podría considerarse legítimamente una propiedad geométrica del espacio-tiempo relacionada con la curvatura. Sin embargo, desde una perspectiva matemática, Einstein podría haber incorporado el término en el lado derecho de la ecuación (asignándole un signo opuesto), en cuyo caso habría representado una nueva forma de energía que impregna todo el tejido del espacio-tiempo: la energía intrínseca del espacio vacío, interpretación que prevalece actualmente.

Einstein nunca explicó con precisión la naturaleza o las propiedades del término cosmológico. Simplemente consideraba que, con independencia de su significado, debía incluirse en las ecuaciones. No obstante, a lo largo de los años, Einstein mostró repetidas vacilaciones respecto a la adición del término cosmológico, tal como ocurrió con su predicción de las ondas gravitacionales. En ocasiones reafirmaba su decisión; otras veces lamentaba haberla introducido. Según se afirma, llegó incluso a calificar su modificación de las ecuaciones como el «mayor error» de su carrera.[8] Expresó estos sentimientos en una carta de 1947, donde confesaba que «desde que introduje el término, siempre he tenido mala conciencia. No puedo creer que algo tan poco elegante deba existir en la naturaleza».[9]

Pero el hecho de que Einstein expresara serias dudas sobre su propia creación no disuadió a otros de intentar utilizar este mismo término en sus propios esfuerzos por avanzar en el campo. Como señaló el físico Robbert Dijkgraaf: «Lo grandioso de la ciencia es que una teoría puede ser más inteligente que su descubridor y tener vida propia».[10]

Con el término cosmológico, Einstein proporcionó a otros investigadores una nueva y fascinante variable para explorar y ajustar en sus modelos, en un intento de adaptarlos a las nuevas ideas que surgían y a las observaciones que comenzaban a realizarse. También abrió camino a los teóricos para experimentar con las ecuaciones, con o sin el término recién introducido, a fin de examinar qué otras interpretaciones podrían resultar plausibles, más allá de un universo estático que no se expande ni se contrae. Por supuesto, se podrían concebir universos de todo tipo con propiedades muy diversas. Sin embargo, entre todos los universos imaginables, solo aquellos que satisfacen las ecuaciones de campo de la relatividad general podrían considerarse viables. Y entre los universos posibles seleccionados mediante las matemáticas, quizás uno de ellos podría presentar una gran similitud con el universo en el que realmente habitamos. Una vez más, Einstein había dotado al mundo de una herramienta extraordinaria. Desde entonces, otros investigadores han tenido la oportunidad de probarla y explorar sus aplicaciones. Y no tardaron en concebir nuevas posibilidades.

De hecho, Hermann Minkowski ya había propuesto una solución en 1908, aproximadamente siete años antes de la formulación de las ecuaciones originales de la relatividad general sin modificaciones. Estas ecuaciones de campo, como sabemos, establecían una equivalencia entre la curvatura del espacio-tiempo y la densidad de materia. El espacio de Minkowski es plano por definición, lo que significa que su curvatura es nula, y carece de materia, por lo que su densidad también es cero.

Por tanto, Minkowski había elaborado una solución —que algunos podrían considerar bastante obvia (y casi tautológica)— a las ecuaciones de campo, aunque con notable anticipación a la formulación de estas últimas. El espacio de Minkowski claramente no puede representar nuestro universo, pues este contiene materia, como resulta bastante evidente. Aunque esta solución a veces se considera trivial, constituye un caso de estudio importante y, en ese sentido, no trivial en el panteón de los espacios-tiempo.

Nueve meses después de que Einstein publicara el artículo «Cosmological Considerations», su amigo Willem de Sitter demostró que las ecuaciones de campo modificadas admitían una solución diferente, correspondiente a un universo sin materia y con una constante cosmológica positiva. Einstein mostró su desacuerdo, ya que no consideraba que sus ecuaciones debieran permitir una solución en ausencia de materia. Expresó sus puntos de vista en una carta a De Sitter: «En mi opinión, sería insatisfactorio que un mundo sin materia fuera posible». También le comunicó que su modelo contenía una singularidad espacio-temporal y, por tanto, «su solución no corresponde a una posibilidad física».[11] Incluso publicó estas críticas en un artículo de 1918, pero posteriormente admitió, tras conversar con el matemático Felix Klein, que sus objeciones carecían de validez, aunque nunca las retractó formalmente.[12]

Inicialmente se pensó que De Sitter describía un universo estático, quizás porque en ausencia de materia podría suponerse que no quedaba nada que pudiera expandirse. Sin embargo, en 1923, el trabajo teórico de Hermann Weyl y Arthur Eddington demostró que, cuando se distribuían partículas de prueba en el universo planteado por De Sitter, estas se alejaban inmediatamente unas de otras.[13]

«Las partículas inicialmente en reposo se dispersarán —escribió Eddington—. Se puede verificar fácilmente que no existe tal tendencia en el mundo de Einstein. Una partícula colocada en cualquier lugar permanecerá en reposo. A veces se argumenta contra el mundo de De Sitter que se vuelve no estático tan pronto como se inserta materia en él. Pero esta propiedad tal vez pueda considerarse un argumento a favor de la teoría de De Sitter que lo contrario».[14]

El modelo de De Sitter, en otras palabras, describe un universo que se expandiría en todas direcciones con la mera introducción de la más mínima porción de materia. Esta expansión sería exponencial y se produciría a la máxima velocidad permitida, porque en el vacío no existe materia gravitacionalmente autoatractiva que compense el empuje propulsor (antigravedad) conferido por la constante cosmológica. «El universo de Einstein contiene materia, pero no movimiento, y el de De Sitter contiene movimiento, pero no materia —explicó Eddington—. Resulta evidente que el universo real, que contiene tanto materia como movimiento, no se corresponde exactamente con estos dos modelos». La buena noticia, añadió Eddington, es que «ahora no estamos limitados a estos dos extremos, sino que disponemos de toda una serie de soluciones intermedias entre la materia inmóvil y el movimiento sin materia, entre las cuales podemos seleccionar aquella con la proporción adecuada de materia y movimiento que se adecúe a nuestras observaciones». En otras palabras, la solución de De Sitter liberó a la cosmología y reveló a sus practicantes que no debían quedar constreñidos por nociones preconcebidas sobre un fondo espacial fijo e inmutable. «Fue el precursor de las otras soluciones no estáticas» que surgirían posteriormente, afirmó Eddington, y efectivamente así ocurrió.[15]

En primer lugar, en esta lista se encontraban las ecuaciones propuestas en 1922 por el físico y matemático ruso Alexander Friedmann, quien reconoció desde el principio que no existía una solución cosmológica única para las ecuaciones de campo de la relatividad general. En su lugar, afirmaba, existiría toda una familia de soluciones —que representaban universos en expansión, contracción o con alternancia entre ambos estados— y fue la primera persona que se propuso deliberada y exitosamente hallar soluciones de naturaleza dinámica no estática.[16]

Según Stephen Hawking: «Mientras que Einstein y otros físicos buscaban formas de evitar la predicción de la relatividad general de un universo no estático, [Friedmann era, aparentemente,] el único científico […] dispuesto a tomarse la relatividad general al pie de la letra».[17]

Las ecuaciones de Friedmann, derivadas de las ecuaciones de campo de la relatividad general, describen cómo el tamaño del universo debe cambiar inevitablemente con el tiempo, en función del contenido total de materia y energía, así como del valor del término cosmológico (que podía ser positivo, negativo o cero). Friedmann partió del supuesto de que el universo presentaba una distribución de materia esencialmente (aunque no perfectamente) uniforme y que mostraría aproximadamente el mismo aspecto en todas las direcciones, así como idéntica apariencia para todos los observadores que lo contemplaran desde diferentes ubicaciones. Sin embargo, a diferencia de Einstein, no asumió que el universo fuera estático. Esto otorgó a las ecuaciones de Friedmann una capacidad predictiva de la que antes carecían: si se conocían la tasa de expansión del universo y su contenido de materia en un momento determinado, se podía intentar predecir cómo evolucionaría con el transcurso del tiempo.

La reacción inicial de Einstein consistió en desestimar estos resultados, primero alegando que había un error en los cálculos matemáticos de Friedmann y después insistiendo en que el trabajo carecía de realidad física y resultaba irrelevante para nuestro universo. No obstante, ocho meses después, Einstein se retractó de su primera afirmación y reconoció que el error de cálculo lo había cometido él mismo y no Friedmann.[18]

Las ecuaciones de Friedmann demostraron que existía una amplia variedad de escenarios cosmológicos posibles (un universo que podría expandirse exponencialmente, contraerse u oscilar). Sin embargo, dada la escasez de datos astronómicos relevantes, Friedmann se concentró en obtener soluciones matemáticas para universos en expansión y contracción bajo condiciones relativamente idealizadas. No consideró que mereciera la pena intentar determinar cuál de estas opciones se aproximaba más al universo en que habitamos. «Nuestro conocimiento es completamente insuficiente para realizar cálculos numéricos y para decidir qué clase de mundo constituye nuestro universo», afirmó en 1922.[19]

No obstante, ese conocimiento progresó más rápidamente de lo que él hubiera podido anticipar. A finales de la década de 1920 se dispuso de información crucial que respaldaba un universo dinámico y en expansión, coherente con los modelos de Friedmann. Sin embargo, Friedmann nunca conoció estos resultados, pues falleció de fiebre tifoidea en 1925, cuando tenía tan solo 37 años. Aun así, al rechazar el axioma centenario que sostenía que «el universo era eterno e inmutable por siempre», Friedmann consiguió «una auténtica revolución en la ciencia», según escribieron los matemáticos John Joseph O'Connor y Edmund F. Robertson. «Copérnico logró que la Tierra girara y Friedmann, por su parte, consiguió que el universo se expandiera».[20]

En 1925, el astrónomo estadounidense Vesto Slipher había medido las velocidades radiales de 41 galaxias, lo que revelaba la rapidez con que se alejaban de nosotros, indicios tempranos de que el universo podría, efectivamente, encontrarse en expansión.[21] El astrónomo Edwin Hubble, en colaboración con Milton Humason, amplió los resultados de Slipher y, en 1929, estableció una relación lineal entre la distancia radial de una galaxia y su corrimiento al rojo o tasa de recesión: cuanto mayor es la distancia de la galaxia, más rápidamente se aleja de nosotros, lo que a su vez provoca que su luz emitida aparezca más rojiza para los observadores terrestres. Esta relación, conocida como ley de Hubble, proporcionó una evidencia prácticamente irrefutable de un universo en expansión, lo que confirmaba las predicciones realizadas dos años antes por el cosmólogo belga y sacerdote jesuita Georges Lemaître. El caso resultó tan convincente que numerosos físicos, incluido el propio Einstein, pronto abandonaron los modelos estáticos en favor de representaciones cosmológicas más dinámicas.

La solución exacta de Friedmann a las ecuaciones del campo gravitatorio de la relatividad general fue derivada independientemente por Lemaître a finales de la década de 1920 y por Howard Robertson y Arthur Walker en la década de 1930. El modelo Friedmann-Lemaître-Robertson-Walker (FLRW), o modelo

Friedmann-Robertson-Walker (FRW), como a veces se denomina, se considera generalmente el modelo estándar de la cosmología, que describe un universo como el nuestro: en expansión, lleno de materia, homogéneo e isotrópico (con idénticas propiedades y consistencia en todas las direcciones).

Las ecuaciones originales de Friedmann y sus versiones posteriores, incorporadas en los modelos FLRW y FRW, han demostrado poseer una extraordinaria capacidad de adaptación. Aunque se fundamentan en un universo con distribución uniforme de materia, también pueden explicar, por ejemplo, cómo las estructuras celestes a gran escala —como galaxias, cúmulos galácticos y supercúmulos (agrupaciones de cúmulos de galaxias)— pueden desarrollarse a partir de pequeñas inhomogeneidades en la densidad material. El término cosmológico lambda, Λ, incluido en estas ecuaciones (y en la versión modificada de Einstein de 1917) ha adquirido además un nuevo significado a la luz de las evidencias surgidas en las últimas décadas. Concretamente, las observaciones de ciertos tipos de explosiones estelares distantes (denominadas supernovas de tipo 1a) han indicado que el universo no solo se encuentra en expansión, sino que este proceso ocurre a un ritmo acelerado. La expansión acelerada, en la terminología actual, está impulsada por la energía oscura, calificada como oscura porque el mecanismo que subyace a su funcionamiento continúa siendo inescrutable.

El término de la constante cosmológica en las ecuaciones de la relatividad general de Einstein, Friedmann y otros podría constituir la energía oscura. O bien, como sostienen algunos teóricos, la energía oscura podría no ser una constante en absoluto, sino una magnitud variable con el tiempo, denominada quintaesencia. Cualquiera que sea la naturaleza de la energía oscura, actualmente se considera, con amplia diferencia, la forma predominante de energía y masa en el universo. Einstein había intentado persistentemente eliminar la constante cosmológica y con frecuencia se había arrepentido de haber incorporado el término lambda en sus ecuaciones. Sin embargo, ahora, irónicamente, parece ser, en sentido cósmico, el elemento más significativo. Y nos impulsa, a un ritmo acelerado, hacia un destino aún indeterminado.

John Wheeler caracterizó la expansión del universo como «la predicción más dramática que la ciencia ha realizado jamás». El físico Abhay Ashtekar amplió esta afirmación, al señalar que «las predicciones más profundas» de la relatividad general se deben al hecho de que, en esta teoría, la geometría del espacio-tiempo se ha transformado en «una entidad dinámica, y la física está codificada en sus propiedades. La liberación de la geometría de su marco rígido y estático permite tanto la expansión del universo como la existencia de agujeros negros y la propagación de ondas de curvatura [ondas gravitacionales] a través de distancias cosmológicas, con su consiguiente transporte de energía e impulso».[23]

La predicción sobre la expansión cósmica, como hemos analizado, surgió de las matemáticas y, posteriormente, fue verificada a través de la experimentación. Sin embargo, esto no constituyó el final de la historia, ya que planteó algunas cuestiones evidentes: ¿por qué se expande el universo? ¿Y a partir de qué está expandiéndose exactamente?

Lemaître fue uno de los primeros científicos en abordar rigurosamente esta cuestión. Si el universo se encontraba en expansión, conjeturó, debía haber sido más pequeño en el pasado. Al retroceder en el tiempo, todo el universo debía haber estado concentrado en una sola partícula o «cuanto de energía pura», una entidad que denominó átomo primigenio, que posteriormente se dividió en fragmentos progresivamente más pequeños que se dispersaron en todas direcciones. Este átomo primigenio, escribió Lemaître en 1931, «se fragmentó en porciones, cada porción en trozos aún más pequeños. La evolución del mundo puede compararse con un espectáculo de fuegos artificiales que acaba de terminar: unos cuantas estelas rojizas, cenizas y humo». A partir de estos vestigios, añadió, «intentamos reconstruir el resplandor fugaz del origen de los mundos».[24]

Los planteamientos de Lemaître establecieron los fundamentos teóricos de lo que hoy denominamos cosmología del *big bang*. No fue hasta varias décadas después, en 1964, cuando surgió la primera evidencia empírica contundente: los astrónomos Arno Penzias y Robert Wilson detectaron un fondo uniforme de radiación remanente del *big bang*, que coincidía notablemente con las predicciones realizadas en 1948 por Ralph Alpher y Robert Herman. La investigación sistemática de esta radiación cósmica se consolidó con la misión Explorador de Fondo Cósmico (COBE) en 1989, lo que permitió avances significativos en nuestra comprensión del *big bang*, los patrones de distribución de materia y la formación posterior de las estructuras cósmicas.

En 1965, el físico Robert Dicke y sus colaboradores confirmaron que la misteriosa señal de radio detectada por Penzias y Wilson era, efectivamente, radiación del *big bang* que se había enfriado desde la explosión primigenia hasta alcanzar una temperatura de aproximadamente tres grados Kelvin. Ese mismo año, Roger Penrose formuló su teorema de la singularidad, y Stephen Hawking comenzó a desarrollar un método para vincular dicho teorema con el propio *big bang*, a la vez que incorporaba algunas de las ideas de Friedmann sobre un universo en expansión. Hawking también estableció las primeras concepciones de Lemaître «del origen de los mundos» sobre fundamentos matemáticos considerablemente más sólidos.

«Pronto comprendí que, si se invertía la dirección del tiempo en el teorema de Penrose, transformando así el colapso en expansión, las condiciones de su teorema seguirían siendo válidas, siempre que el universo actual fuera aproximadamente similar a un modelo de Friedmann a gran escala —explicó Hawking—. El teorema de Penrose había demostrado que cualquier estrella que colapsara debía terminar ineludiblemente en una singularidad; el argumento de inversión temporal demostró que cualquier universo en expansión similar al de Friedmann debía haber comenzado necesariamente con una singularidad».[25] Este razonamiento se formalizó en un artículo conjunto de Hawking y Penrose publicado en 1970, que sostenía que los orígenes de un universo en expansión como el nuestro —suponiendo la validez de la relatividad general— podían remontarse inevitablemente a una singularidad inicial.[26]

Sin embargo, Hawking posteriormente se retractó de esa afirmación categórica al advertir que los efectos cuánticos, que adquieren mayor relevancia en escalas espaciales pequeñas, también deben considerarse en escenarios con singularidades como este. Concluyó que se necesitaría una teoría de la gravedad cuántica aún por desarrollar, capaz de integrar exitosamente la relatividad general con la teoría cuántica, para describir de manera completa y precisa los primeros instantes de nuestro universo y otros fenómenos exóticos.

En la actualidad, no obstante, la relatividad general continúa siendo la autoridad predominante en todas las cuestiones relacionadas con la gravitación. La fuente de preocupación de Hawking, el hecho de que la relatividad general y la mecánica cuántica parecen ser incompatibles, se analizará más adelante en este libro. Sin embargo, antes de abordar ese tema, debemos abordar otro reto crucial que ha puesto a prueba la teoría de Einstein desde su formulación hace más de un siglo.

CAPÍTULO 7

LA MATERIA DE LA MASA
(Y LA MASA DE LA MATERIA)

Como ya hemos analizado extensamente, la afirmación de que el espacio-tiempo presenta curvatura debido a la presencia de masa (y, de manera equivalente, de energía) constituye un principio fundamental en la teoría de Albert Einstein. Sin embargo, durante un periodo sorprendentemente largo, no se había logrado resolver la cuestión de si el universo, en cierto sentido, poseía la masa necesaria para inducir dicha curvatura. La pregunta, formulada con mayor precisión, consistía en determinar si la masa total de nuestro universo tenía un valor positivo. A primera vista, puede parecer una cuestión insólita, pero, desde los inicios de la relatividad general, se dio por sentado que la masa total del universo era positiva, sin mayor cuestionamiento. Para que las ecuaciones de la teoría mantengan su consistencia, la masa total, tal como se define mediante esas ecuaciones, debe ser positiva, o al menos no negativa; de lo contrario, se requerirían modificaciones sustanciales. Pero suponer que la masa es positiva no equivale a demostrar que efectivamente lo es.

Más allá de esto, surgía un problema aún más básico: cuando la teoría de Einstein vio la luz por primera vez, ni siquiera existía una comprensión completa acerca del significado exacto de la masa, y este asunto continúa sin resolverse plenamente hoy. A pesar de ello, la geometría ha sido clave para los progresos alcanzados tanto en este asunto como en el problema de la masa total del universo.

La primera pregunta, sobre la positividad de la masa, constituyó hasta 1979 «uno de los principales problemas sin resolver de la teoría» de la relatividad general, en palabras de Roger Penrose.[1] Como los físicos llevaban décadas sin encontrar una solución, Robert Geroch desafió a los geómetras en un congreso celebrado en 1973 en la Universidad de Stanford a demostrar formalmente esta conjetura, la cual postulaba que, en cualquier sistema físico aislado (y, por tanto, cerrado), la masa (o energía) debe ser positiva. Dado que el universo puede considerarse un sistema físico aislado, esta misma hipótesis podría aplicarse al universo en su totalidad. Geroch acudió a los geómetras precisamente por la íntima relación que establece la relatividad general entre la geometría y la gravedad.

Una premisa esencial de esta conjetura establecía que la densidad de materia local es positiva (o, al menos, no negativa), lo que equivale a una proposición geométrica: que la curvatura media en cada punto del espacio también debe ser positiva. Sostener que la densidad de la materia es positiva a escala local, en las proximidades de un punto individual, constituye una suposición habitual en la relatividad general y completamente plausible, dado que concuerda con todas las observaciones fiables realizadas hasta la fecha. La cuestión central era si la misma condición de positividad se aplicaría a nivel global, a la energía total de un sistema aislado —incluidas las contribuciones tanto de la materia como de la gravitación— observada desde gran distancia, en lo que se denomina infinito espacial.

La conferencia de Geroch causó una profunda impresión en Shing-Tung Yau, que había sido invitado a la conferencia para hablar sobre diferentes temas. Yau tomó nota del problema planteado por Geroch, pero no lo abordó hasta varios años después. Para entonces, él y su colega Richard Schoen habían completado una serie de artículos sobre variedades tridimensionales de curvatura escalar positiva. Tal variedad, o espacio-tiempo, se denomina asintóticamente plana. Por coincidencia, ese resultó ser el mismo escenario en el que se había formulado la conjetura de la masa positiva: un espacio-tiempo con cierta cantidad de materia y, por tanto, cierta curvatura, que se vuelve progresivamente más plano a medida que uno se aleja gradualmente (y asintóticamente) hacia el infinito. El espacio-tiempo nunca llega a ser completamente plano, como el espacio euclidiano, pero se aproxima cada vez más a una geometría plana conforme se avanza hacia el exterior.

Además, Schoen y Yau acababan de completar una serie de demostraciones relacionadas con superficies mínimas, superficies similares a las pompas de jabón, que ocupan la menor área posible mientras abarcan el contorno de una curva cerrada. Decidieron explorar si la teoría de superficies mínimas podía aplicarse eficazmente a la conjetura de la masa positiva, una metodología que los físicos nunca habían considerado previamente, en parte porque desconocían estas técnicas matemáticas.

Efectivamente, el enfoque dio resultado. En su artículo de 1979, Schoen y Yau emplearon una estrategia denominada demostración por contradicción: partieron del supuesto de que la masa no es positiva y, a partir de ahí, demostraron la existencia de una superficie mínima bidimensional, de extensión infinita, situada dentro de un espacio o variedad tridimensional. Esta superficie mínima presenta algunas propiedades poco comunes. Sin embargo, su característica más relevante, desde la perspectiva de Schoen y Yau, es que esta superficie en particular no podría existir en una variedad tridimensional con curvatura escalar positiva, el contexto en el que se había planteado la conjetura. En esto radicaba la contradicción, lo que implicaba que su premisa inicial (que la masa no es positiva) resultaba incorrecta. Para mayor claridad, Schoen y Yau demostraron que la masa de un sistema aislado es siempre no negativa: es positiva en todas partes excepto en el denominado estado fundamental (espacio plano de Minkowski), donde la densidad de masa es nula en cualquier punto.[2]

Schoen y Yau demostraron inicialmente la conjetura en el caso simétrico respecto al tiempo: un entorno tridimensional estático (denominado espaciotemporal), en el que el tiempo permanece fijo y nada varía temporalmente. Evidentemente, nuestro universo no es estático, y numerosos físicos, incluido Stanley Deser, galardonado con la Medalla Einstein por sus aportaciones a la relatividad general, dudaban de que la demostración pudiera extenderse a un contexto donde el tiempo fluyera libremente. Sin embargo, en su segundo enfoque, Schoen y Yau demostraron el caso más general, dependiente del tiempo, de la conjetura al establecer que podía reducirse al caso particular (estático) que ya habían resuelto. Un paso fundamental en su demostración consistió en resolver una ecuación propuesta por Pong Soo Jang, uno de los antiguos discípulos de Geroch. Aunque Jang había supuesto que su ecuación carecía de solución, Schoen y Yau descubrieron que, mediante una hipótesis clave, era posible encontrarla.[3]

Schoen utilizó su teorema de la energía positiva para resolver todos los casos pendientes del problema de Yamabe, una importante cuestión matemática formulada en 1960 por Hidehiko Yamabe, relacionada con la curvatura escalar de las variedades riemannianas. El teorema también contribuyó a la resolución de la conjetura de Riemann-Penrose, un problema físico planteado por Penrose en 1973 y demostrado por los matemáticos Gerhard Huisken y Tom Ilmanen aproximadamente un cuarto de siglo después, y posteriormente verificado en un contexto más general por Hubert Bray. La conjetura establece que la masa total de una variedad riemanniana tridimensional asintóticamente plana con curvatura escalar no negativa (nuevamente, las condiciones asumidas en la conjetura de la masa positiva) debe ser mayor o igual que la masa aportada por los agujeros negros contenidos en ese espacio.[4]

Un espacio-tiempo o universo cuya masa o energía total fuera negativa podría, en determinadas circunstancias, resultar inestable debido a la ausencia de un límite inferior en la energía total del sistema, que podría continuar descendiendo indefinidamente. No se trata de una preocupación infundada, considerando que un campo gravitatorio posee energía negativa, mientras que un campo eléctrico, por ejemplo, tiene energía positiva (razón por la cual dispositivos como los condensadores, ampliamente utilizados en circuitos eléctricos y fuentes de alimentación, pueden almacenar energía). Esta diferencia de signo, el motivo por el que un campo presenta energía positiva, y el otro, negativa, se debe al hecho de que las cargas eléctricas opuestas se atraen entre sí, mientras que dos masas con idéntico «signo» también se atraen mutuamente. El teorema de la masa positiva mitiga, en cierta medida, la inquietud de que la energía de nuestro universo pudiera encontrarse en un estado de declive perpetuo.

Sin embargo, no podemos concluir que nuestro universo es estable en función de este teorema, ya que solo se aplica a espacios-tiempo asintóticamente planos, y desconocemos si nuestro universo satisface dicha condición. Tampoco sabemos qué tipo de frontera tiene nuestro universo, o si posee alguna. Además, no existe una definición generalmente aceptada de la masa o energía total del universo a menos que comprendamos la naturaleza de su frontera. Por tanto, aunque la demostración de la conjetura de la masa positiva puede ofrecer cierta esperanza respecto a la estabilidad de nuestro universo, esta cuestión dista mucho de estar resuelta.

En 1981, el físico Edward Witten demostró el teorema de la masa positiva mediante un enfoque más accesible para los físicos, pues su argumento se fundamentaba en ecuaciones lineales que resultaban más comprensibles que las ecuaciones no lineales empleadas por Schoen y Yau. El artículo de Witten también contribuyó a defender la estabilidad del espacio de Minkowski: «El único espacio de energía más baja [y como tal] no existe ningún estado en el que sea energéticamente posible que el espacio de Minkowski se desintegre».[5] En 1990, Witten se convirtió en el primer físico en obtener la Medalla Fields, probablemente el galardón más prestigioso en matemáticas, en parte por su trabajo sobre el teorema de la masa positiva.

También en 1981, Schoen y Yau ampliaron su teorema anterior para demostrar la positividad de la masa de Bondi, que se refiere a la masa total de un sistema físico aislado después de contabilizar las pérdidas de masa y energía debidas a la radiación gravitacional.[6] En 2017, Schoen y Yau alcanzaron otro hito al extender el trabajo de Witten, que no era aplicable a espacios-tiempo de dimensiones superiores a cuatro debido a una condición en la que se apoyaba, relacionada con el espín, que resultaba fundamental para su demostración. Schoen y Yau eliminaron esta hipótesis y completaron así la demostración del teorema de la masa positiva para espacios-tiempo de cuatro dimensiones y superiores, con la única condición de que el espacio-tiempo o variedad en cuestión sea asintóticamente plano.[7]

Aunque la positividad de la masa se estableció matemáticamente hace más de cuarenta años, cabe destacar que, incluso en la actualidad, no existe una noción única y ampliamente aceptada de la masa en sí misma dentro de la relatividad general, un concepto estándar que pueda aplicarse en la mayoría de las circunstancias, si no en todas. Nuestra comprensión de este concepto, que se remonta a la formulación inicial de Einstein, se limita principalmente a evaluar la masa o energía de un sistema aislado situado a una distancia infinita en un espacio vacío y sin gravedad. Una forma de concebir ese espacio es imaginar un agujero negro ubicado en el centro de una esfera vacía. Si extendemos el radio de esa esfera hacia el infinito, donde la materia está ausente y el espacio es casi perfectamente plano, ahí es donde convendría situar a un relativista humano, equipado con las herramientas para determinar la masa del objeto compacto en su interior. Afortunadamente, no es necesario llegar hasta el infinito para obtener una buena estimación de la masa de este hipotético agujero negro en medio de una esfera imaginaria. En la práctica, el radio de esta esfera solo debe ser suficientemente grande en comparación con el radio de Schwarzschild; esto proporcionaría la distancia adecuada para proteger a nuestro diligente observador de las perturbaciones provocadas localmente en el espacio-tiempo por el agujero negro cuya masa pretendemos determinar.

Las demostraciones de masa positiva de Schoen-Yau y Witten utilizaron la denominada definición ADM de masa, introducida en una serie de artículos a partir de 1959 por los físicos Richard Arnowitt, Stanley Deser y Charles Misner, cuyas iniciales forman la sigla ADM. Estos científicos formularon las ecuaciones de la relatividad general como un problema de valor inicial: partieron de determinadas condiciones iniciales para luego desarrollar las ecuaciones hacia delante en el tiempo. Su definición adquirió mayor precisión porque habían adoptado el formalismo 3 + 1, cuya aplicación fue iniciada por Yvonne Choquet-Bruhat, quien separó el componente temporal del espacio-tiempo tetradimensional para obtener una determinación exacta de la masa en cualquier instante específico. En este caso resulta completamente válido extraer el tiempo de la ecuación, dado que la masa y la energía son magnitudes conservadas, lo que equivale a decir que sus valores permanecen constantes en el tiempo.

Si bien la masa ADM constituye una formulación más precisa y, en muchos sentidos, una mejora respecto a la concepción original de Einstein, este enfoque se limita nuevamente a calcular la masa de un sistema aislado observado desde gran distancia en la dirección espacial (en contraposición a la temporal), una zona de observación denominada infinito espacial, donde la geometría del espacio-tiempo se aproxima a la del espacio plano de Minkowski.

Pero ¿qué ocurre si deseamos una visión más detallada y un cálculo de masa más preciso? Supongamos que el sistema en cuestión no está aislado ni se encuentra infinitamente lejos. ¿Qué sucedería si, en cambio, quisiéramos calcular la masa confinada a una región compacta de volumen finito? Y si, por ejemplo, esa región contuviera no solo uno, sino dos o más agujeros negros, sería conveniente poder determinar algo sobre sus masas individuales en lugar de evaluar únicamente la masa del sistema en su conjunto.

Esta definición tan anhelada se denomina masa cuasilocal, cuasi en lugar de totalmente local porque local se refiere a un único punto en el espacio-tiempo. Y citando a Penrose: «No existe una definición a nivel local de masa-energía en la relatividad general que tenga en cuenta» todas las posibles contribuciones a la masa y la energía, «incluida la procedente del propio campo gravitatorio».[8] Por tanto, como alternativa, podríamos intentar determinar la masa de una porción de espacio que podría ser relativamente pequeña. Incluso podríamos seleccionar una región específica y analizar sus componentes discretos por separado, en lugar de considerar el sistema como una única masa distante e indiferenciada y medirla en su totalidad.

Este ha sido el objetivo perseguido por físicos y matemáticos durante muchas décadas. Sin embargo, antes de intentar definir la masa cuasilocal dentro de un sistema específico, primero resultaba necesario establecer como fundamento que la masa total es, efectivamente, positiva, un objetivo que, como se ha explicado, se alcanzó en 1979. Penrose abordó precisamente este aspecto en un seminario celebrado ese mismo año en el Instituto de Estudios Avanzados de Princeton. A la luz de aquellos trabajos que confirmaban la positividad de la masa cuando se mide en el infinito espacial, Penrose afirmó: «parece razonable esperar que [otros] problemas clásicos de la relatividad general también puedan resolverse en un futuro no muy lejano». Tal dedicación de tiempo podría estar bien empleada, añadió Penrose, dado que «la relatividad general se ha convertido, en los últimos años, en una teoría experimentalmente bien contrastada. Por tanto, cualquier resultado matemático relevante para la teoría clásica tendrá asegurado un lugar permanente en la física».[9]

El primer elemento de la lista de deseos de Penrose era «algún tipo de definición cuasilocal de la energía en la que no sea necesario ir hasta el infinito para que el concepto se defina de manera significativa».[10] Con este propósito, se han propuesto diversas formulaciones. Algunas resultan más adecuadas en determinadas situaciones, pero todas las definiciones presentan ciertas limitaciones y ninguna es perfecta en todos los aspectos.

En 1968, Hawking introdujo una definición comparativamente simple de masa cuasilocal que algunos investigadores continúan utilizando en la actualidad. Proporcionó una fórmula para calcular la masa dentro de una esfera bidimensional determinando en qué medida los rayos de luz entrantes y salientes, perpendiculares a la superficie de la esfera, se curvarían debido a la materia y energía contenidas en su interior. La virtud de la masa de Hawking radica en que es relativamente fácil de calcular. Sin embargo, existen restricciones, pues la definición funciona mejor en casos particulares, ya sea en un espacio-tiempo esféricamente simétrico —lo cual constituye una idealización, ya que nada en el mundo real es perfectamente esférico— o en un espacio-tiempo estático carente de dinámica.[11]

La definición de Hawking presenta un inconveniente aún más grave: en casi todos los dominios que conocemos dentro del espacio-tiempo de Minkowski, su valor resulta ser negativo, lo que la sitúa en conflicto directo con el teorema de la masa positiva (es decir, no negativa) y con nuestra comprensión fundamental del universo. Si bien la masa de Hawking ha demostrado ser un concepto útil, en este tipo de contexto no puede interpretarse realmente como masa, puesto que la noción de masa negativa carece de sentido en la relatividad general.

El matemático australiano Robert Bartnik propuso una nueva definición de masa cuasilocal en 1989, que puede considerarse una versión localizada de la conjetura de la masa positiva.[12] La propuesta de Bartnik consistía en tomar una región de tamaño finito delimitada por una superficie y, posteriormente, envolverla con numerosas capas de superficies de área creciente para extender la región finita a una de tamaño infinito y poder calcular así su masa ADM. Sin embargo, la región puede extenderse de múltiples formas, del mismo modo que la superficie de un globo puede inflarse uniformemente o estirarse en diversas direcciones, cada una de las cuales genera una masa ADM diferente. El valor mínimo de masa ADM que puede obtenerse es, según Bartnik, la masa cuasilocal. «El argumento no habría sido posible antes del teorema de la masa positiva —explicó el matemático Mu-Tao Wang—, porque, de lo contrario, la masa podría haber tendido a menos infinito», y nunca se podría determinar una masa mínima.[13]

El artículo tuvo una buena acogida entre algunos matemáticos porque la definición de Bartnik resultaba elegante y concisa, además estaba redactada en un documento de apenas tres páginas. Sin embargo, este enfoque presenta un inconveniente práctico. Hallar la masa mínima mediante este método es sumamente difícil, según el matemático Lan-Hsuan Huang: «Es casi imposible calcular un valor real para la masa cuasilocal».[14] La definición de masa de Bartnik, añadió Wang, se fundamenta en la validez de conjeturas que aún no han sido completamente establecidas.[15]

En 2003 y 2004, Yau y su colega matemática Melissa Liu desarrollaron un concepto de masa cuasilocal basado en el teorema de la masa positiva de 1979 y en el trabajo realizado a principios de la década de 1990 por los físicos David Brown y James York. El primer paso en el planteamiento de Brown y York consiste en envolver el sistema físico que se desea medir con una superficie bidimensional. Al analizar la geometría de esa superficie y observar cómo se curva en el espacio-tiempo, es posible, en principio, determinar la masa contenida en su interior.

Este método se fundamenta tanto en la geometría intrínseca como en la extrínseca de la superficie. La geometría intrínseca depende de la distancia entre dos puntos medida a lo largo de las curvas de esa superficie, una propiedad que permanece invariable, con independencia de cómo esté orientada la superficie. Si, por ejemplo, se marcan dos puntos en un trozo de papel, la distancia más corta entre ellos medida sobre la superficie no cambia si el papel se coloca plano o se enrolla para formar un cilindro. Una hormiga que se desplazara entre esos dos puntos podría no percibir la diferencia. Sin embargo, cuando la superficie se observa desde fuera, una hoja de papel plana se ve distinta de la misma hoja enrollada en forma de tubo, y esa diferencia reside exclusivamente en su geometría extrínseca.

Brown y York midieron primero la geometría de la superficie en su entorno natural —el espacio-tiempo donde realmente se encuentra el sistema físico— y después midieron la misma superficie en un denominado espacio-tiempo de referencia, para lo cual eligieron el espacio euclidiano plano y tridimensional. Respecto a su geometría intrínseca, estas dos superficies resultan indistinguibles. No obstante, puede existir una diferencia entre la geometría extrínseca en los dos entornos, argumentaron Brown y York, y esa diferencia se debe al campo gravitacional, que en el espacio euclidiano plano es nulo por definición. El campo gravitacional, a su vez, proporciona una medida de la masa y la energía comprendidas dentro de la superficie, es decir, la masa cuasilocal.[16]

Sin embargo, la definición de masa cuasilocal de Brown-York presentaba algunos inconvenientes. Puede resultar positiva incluso en el espacio-tiempo plano de Minkowski, donde debería ser nula. Por tanto, en esa situación proporciona un resultado incorrecto. Además, la definición solo funciona en el caso estático y simétrico respecto al tiempo. Y el valor de la masa calculada varía según la elección de lo que se denomina marco normal.

Una manera de conceptualizar el término marco normal, sugiere Wang, es imaginar un tipo inusual de montaña rusa con una vía delgada que es, esencialmente, un cable. En cualquier punto a lo largo de esta vía se podría trazar una línea tangente, es decir, una línea que simplemente toca la vía en ese punto. Ahora supongamos que un pasajero (mirando hacia delante en la montaña rusa) se incorporara en algún punto de la vía y extendiera los brazos. La cabeza del pasajero señalaría en una dirección perpendicular a la línea tangente, al igual que sus brazos. Esto constituiría una opción de marco normal, un sistema en el que se seleccionan dos direcciones perpendiculares a la línea tangente y también perpendiculares entre sí.

Pero supongamos que el pasajero de la montaña rusa no está sujeto a la vía mediante un vagón, sino a través de un tubo colocado entre sus pies. Podríamos imaginar una figurita de Lego cuyos pies están adheridos a un tubo de plástico atado a una cuerda. El pasajero no solo puede mantenerse erguido, sino también girar hasta quedar suspendido boca abajo y luego regresar a la posición vertical. Si mantiene los brazos extendidos durante toda la rotación, adoptará una posición normal diferente en cada ángulo de orientación conforme pasa de una postura vertical a una invertida y nuevamente a la vertical. El funcionamiento de la masa de Brown-York implica que, en cada una de estas orientaciones posibles —o en cada elección de marco normal—, la determinación de la masa podría arrojar resultados diferentes.[17]

La definición de masa de Liu-Yau supuso un avance en el sentido de que no presentaba este problema. Se podría afirmar que era independiente del calibre o, más específicamente, independiente de la elección de un marco normal. Además, Liu y Yau fueron los primeros investigadores en demostrar la positividad de la masa cuasilocal en general. Su trabajo amplió las contribuciones de los matemáticos Yuguang Shi y Luen-Fai Tam, quienes, en un artículo de 2002, demostraron la positividad de la masa de Brown-York únicamente en el caso de simetría temporal.[18] La masa cuasilocal de Liu-Yau no estaba restringida de esta manera, pero su definición aún presentaba un problema que también había afectado a la masa de Brown-York: seguía siendo positiva, incluso en el espacio plano de Minkowski (donde debería ser nula), lo cual constituía un inconveniente.

Wang y Yau unieron esfuerzos en 2008 para abordar ese defecto utilizando el espacio-tiempo de Minkowski de cuatro dimensiones (en lugar del espacio euclidiano de tres dimensiones) como su espacio-tiempo de referencia. Este enfoque contribuye a garantizar que la masa cuasilocal en la formulación de Wang-Yau sea siempre positiva, excepto cuando el espacio-tiempo de fondo (es decir, físico) de la superficie también es un espacio-tiempo de Minkowski, en cuyo caso, la masa será nula, como corresponde. Este criterio se cumple porque no existe diferencia en la geometría extrínseca de la superficie entre el espacio-tiempo físico y el espacio-tiempo de referencia cuando ambos entornos son idénticos: el espacio-tiempo de Minkowski. Wang y Yau especificaron otras condiciones que debe satisfacer una definición de masa cuasilocal y que su definición cumple. Si se encierra el sistema físico en una esfera, su masa debe aproximarse a la masa ADM cuando el radio de la esfera tiende a infinito. Esa condición se satisface automáticamente con esta definición porque la masa ADM, como se ha explicado anteriormente, se define explícitamente de la misma manera.

Un requisito adicional en el que insistieron fue que «los límites correctos deben obtenerse cuando la superficie [que contiene el sistema físico] converge en un punto».[19] Esta condición también se cumple en la definición de Wang-Yau. El «límite correcto» que se alcanza en un punto —tras realizar un procedimiento denominado normalización para obtener un límite no nulo— sería, efectivamente, el valor del tensor de energía-momento en ese punto. El tensor de energía-momento, el lado derecho de las ecuaciones de Einstein, describe lo que ocurre al converger en un punto.

Esto es así porque el tensor, T_{ij}, especifica la energía —incluida la energía oscura y la procedente de campos electromagnéticos y otros campos no gravitacionales—, así como el momento y la masa en un punto determinado del espacio-tiempo. Y esa es precisamente la información que se espera que proporcione una definición de masa cuasilocal en las inmediaciones de un punto del espacio-tiempo.

En su artículo de 2008, Wang y Yau expresaron su convicción de que su versión «satisface todos los requisitos necesarios para una definición válida de masa cuasilocal, y probablemente sea la única definición que cumple todas las propiedades deseadas».[20] Wang reconoció, sin embargo, que el enfoque presenta un inconveniente: «Aunque nuestra definición es muy precisa, siempre implica resolver varios cálculos no lineales sumamente difíciles».[21]

En 2015, Wang y Yau utilizaron su definición de masa cuasilocal para construir, con la colaboración del matemático Po-Ning Chen, una definición del momento angular cuasilocal, un desafío que había eludido una solución durante el primer siglo de existencia de la relatividad general.[22] De hecho, cuando Roger Penrose elaboró una relación de los principales problemas sin resolver en la relatividad general clásica, este ocupaba el segundo lugar. Para definir el momento angular cuasilocal, primero es necesario poder definir la masa cuasilocal —lo que ya se había logrado satisfactoriamente— y también establecer la rotación. Sin embargo, en un espacio-tiempo general de cuatro dimensiones, la definición del momento angular cuasilocal depende de la elección de coordenadas: con diferentes sistemas de coordenadas, se podrían obtener distintos valores para el momento. Ese era un problema que requería solución.

Chen, Wang y Yau lograron superar este problema utilizando, una vez más, el espacio-tiempo de Minkowski como espacio-tiempo de referencia. La rotación de un objeto o superficie puede definirse fácilmente en el espacio-tiempo de Minkowski debido a la presencia de simetrías rotacionales, consecuencia directa de su geometría plana. Una forma de conceptualizarlo es situarse en medio de una ciudad concurrida, por ejemplo, en Times Square, en Nueva York. Lo que se observa al girar 360 grados —personas, vehículos, señales de tráfico, edificios y escaparates— cambiaría constantemente debido a la ausencia de simetría rotacional en este lugar particular. Por el contrario, si uno se encontrara en un terreno perfectamente plano y sin características distintivas, como las Grandes Llanuras o el desierto de Mojave, y girara, todas las vistas serían idénticas debido a la presencia de simetría rotacional. El mismo argumento respecto a la simetría se aplica a un espacio-tiempo plano completamente desprovisto de materia, un hecho que Chen, Wang y Yau aprovecharon para demostrar que, en el espacio-tiempo de Minkowski, la determinación del momento angular cuasilocal no depende de la elección de las coordenadas.

Posteriormente, emplearon un teorema matemático preexistente para establecer una correspondencia biunívoca entre los puntos de la superficie en el espacio-tiempo natural (físico) y esa misma superficie cuando se sitúa en el espacio-tiempo de referencia (Minkowski). Puesto que se puede comprender el funcionamiento de la rotación en el espacio-tiempo de Minkowski, gracias a las simetrías inherentes a ese entorno, es posible utilizar esta correspondencia para determinar cómo funciona la rotación en la superficie física real.

Chen, Wang y Yau, junto con el matemático Ye-Kai Wang, resolvieron en 2022 otro problema persistente, que se remontaba a principios de la década de 1960, relacionado con el momento angular transportado por las ondas gravitacionales, como las emitidas durante la fusión de dos agujeros negros. Sin embargo, no podían utilizar simplemente su definición anterior (2015) de momento angular cuasilocal, pues una medición precisa resultaría imposible en las inmediaciones de un evento tan intenso, debido tanto a la extrema curvatura del espacio-tiempo como al patrón intrincado de la radiación gravitacional.[23]

No obstante, se podía avanzar considerando una situación más familiar, sin la implicación de agujeros negros: la de una gran antena que emite ondas de radio en todas direcciones.[24] Si se intentara medir la energía transportada por esas ondas justo al lado del transmisor, estas interferirían entre sí de formas complejas, lo que haría difícil la medición. Sin embargo, lejos de la fuente, las ondas viajarán a la velocidad de la luz, en línea recta o radialmente hacia el exterior, sin interactuar entre sí en absoluto. La intensidad, o potencia transmitida por las ondas por unidad de área, disminuye uniformemente en un factor de $1/r^2$, siendo r la distancia desde el origen (o, en este caso, desde la antena de radio). La dirección en que se propagan la luz y todas las formas de radiación electromagnética se denomina dirección nula, y se extiende en un cono de luz. Si se continúa viajando a lo largo de este camino (nulo) hasta donde sea posible llegar, se alcanzará el infinito nulo, concepto que Penrose introdujo en 1964, y que los físicos consideran el punto óptimo desde el cual observar un agujero negro.

Se podría, al menos hipotéticamente, ubicar observadores en diversos puntos a lo largo del borde exterior de este cono de luz. Desde allí, podrían medir la energía de las ondas de radio y, tras combinar sus resultados, determinar la energía total emitida por la antena. El mismo enfoque, en principio, podría aplicarse para medir la energía transmitida en forma de ondas gravitacionales, que también viajan a la velocidad de la luz. La masa de Bondi, la masa remanente después de que las ondas gravitacionales transportan la energía, también se define y se mide en el infinito nulo. Evidentemente, no podemos situar literalmente a observadores humanos a una distancia infinita. En su lugar, los físicos o matemáticos que abordan problemas de esta naturaleza realizan cálculos cuyo límite se encuentra en el infinito nulo.

No obstante, persiste una complicación al intentar determinar el momento angular transportado por las ondas gravitacionales. Como señaló Abhay Ashtekar: «Las ondas gravitacionales distorsionan el espacio-tiempo en el que se realizan las mediciones, y esas distorsiones no son uniformes en todas las direcciones».[25] Esto es una consecuencia del efecto memoria de las ondas gravitacionales: el hecho de que, cuando estas viajan a través del espacio-tiempo, dejan una huella permanente.

Esto significa que los cambios en los sistemas de coordenadas, que implican trasladar el origen de un punto a otro, pueden conducir a diferentes cálculos del momento angular. La masa y el momento lineal, por una parte, no se ven afectados por estos cambios de coordenadas porque sus valores no dependen del ángulo. El momento angular, L, por otra parte, es el producto (o, más precisamente, el producto vectorial) de la distancia desde el origen, r, y el momento lineal, p. Debido a la presencia de radiación gravitacional, como se acaba de explicar, el valor de r depende del ángulo. En otras palabras, las longitudes o los intervalos del espacio-tiempo pueden ser modificados por las ondas gravitacionales, por lo que pueden surgir ambigüedades de coordenadas, o supertraslaciones, según su denominación científica.

Debido a estas ambigüedades, Penrose señaló en un artículo de 1982: «Es difícil ver en estas circunstancias cómo se pueden discutir rigurosamente cuestiones como el momento angular transportado por la radiación gravitacional».[26] (La cuestión de la supertraducción también ocupó un lugar en su relación de los principales problemas sin resolver en la relatividad general).

Naturalmente, las magnitudes conservadas, como el momento angular, no deberían variar, o aparentar hacerlo, según la forma en que decidamos etiquetar los elementos, y esa era precisamente la situación que Chen, Mu-Tao Wang, Ye-Kai Wang y Yau pretendían corregir. En ese artículo de 2022 propusieron una definición del momento angular invariante a la supertraducción, la primera formulación jamás planteada que no dependía de las coordenadas de esta manera. Esta definición, a su vez, se derivó de la definición de momento angular cuasilocal de Chen, Mu-Tao Wang y Yau de 2015. Mu-Tao Wang describió el enfoque del siguiente modo: «Primero determinamos el momento angular cuasilocal [utilizando la definición anterior] en un radio finito y luego tomamos el límite a medida que el radio se aproxima al infinito».[27] El artículo, según el matemático Demetrios Christodoulou, «resuelve esencialmente un problema importante en la relatividad general, la definición adecuada del momento angular en el futuro infinito nulo», sesenta años después de que se identificara por primera vez.[28]

Dado que los científicos de los observatorios LIGO y Virgo ya han medido ondas gravitacionales de aproximadamente un centenar de fusiones de agujeros negros y constantemente buscan extraer la máxima información posible de estas ondas, Lydia Bieri señaló que resultaba fundamental «tener definiciones inequívocas y un formalismo matemático sólido a disposición para los conceptos más elementales involucrados», que Yau y sus colaboradores proporcionaron.[29]

Profundizando en este aspecto, la relatividad numérica, en la que se apoyan considerablemente los científicos del LIGO, depende de las aproximaciones realizadas para resolver las ecuaciones de Einstein. Y es esencial conocer, en el fondo, el significado preciso del fenómeno o concepto que se intenta aproximar. En la práctica, las observaciones que se efectúan actualmente en astronomía de ondas gravitacionales no son lo suficientemente precisas como para que se aprecien las sutiles diferencias causadas por las supertraslaciones, afirmó Vijay Varma, físico e integrante de la colaboración LIGO. «Pero, cuando la precisión de nuestras observaciones mejore diez veces, esas consideraciones adquirirán mayor relevancia». Varma indicó que mejoras de tal magnitud no están tan distantes y deberían materializarse en algún momento de la próxima década.[30]

Mientras tanto, es poco probable que una persona corriente pierda el sueño a causa de las ambigüedades de coordenadas en la definición del momento angular. No obstante, los resultados obtenidos por Chen, Mu-Tao Wang, Ye-Kai Wang y Yau («la culminación de intrincadas investigaciones matemáticas a lo largo de varios años», según Bieri)[31] no constituyen meros fragmentos de erudición abstracta. Estas investigaciones se basan en fenómenos cósmicos que ahora podemos observar, gracias a la tecnología actual, a veces con sorprendente claridad. Su valor es real, sobre todo para quienes se interesan por lo que sucede cuando dos agujeros negros se encuentran y se fusionan. De esta unión surgen señales que viajan por todo el universo, y los científicos que cuentan con el equipo adecuado pueden analizarlas para ampliar nuestro conocimiento.

CAPÍTULO 8

LA BÚSQUEDA DE LA UNIFICACIÓN

A l acercarnos al final de esta saga, resulta instructivo reflexionar sobre nuestra posición actual y hacia dónde nos han conducido nuestras exploraciones de la relatividad general. El 14 de septiembre de 2015, casi exactamente cien años después de que Albert Einstein revelara las ecuaciones de campo que sintetizan nuestro conocimiento de la gravitación en una sola línea, el LIGO confirmó la existencia de las ondas gravitacionales. Esta detección de 2015 también constituyó la evidencia más sólida y directa obtenida hasta entonces sobre la existencia real de los agujeros negros. La solución de Karl Schwarzschild a las ecuaciones de Einstein en 1916, respaldada por los teoremas matemáticos de Roy Kerr y Roger Penrose medio siglo después, ha consolidado la noción de que el interior de un agujero negro contiene una singularidad: una región donde nuestra concepción del espacio-tiempo se quiebra y donde las predicciones de la teoría de Einstein dejan de ser válidas. En otras palabras, el descubrimiento del LIGO supuso un triunfo extraordinario para la relatividad general, al tiempo que proporcionaba indicios prácticamente irrefutables sobre la incompletitud, así como algunas insuficiencias específicas, de esa misma teoría.

Los físicos afirman que, por consiguiente, se requiere una teoría nueva y de mayor alcance, que ofrezca una descripción más fundamental del espacio-tiempo. Esta nueva teoría debería preservar los logros de la relatividad general (del mismo modo que la relatividad general preservó los aciertos de la gravedad newtoniana), pero también funcionar adecuadamente y de manera fiable en circunstancias tan extremas como las que se encuentran en el interior de los agujeros negros o, como señaló Stephen Hawking, cerca de la singularidad del *big bang*, donde se sabe que la relatividad general pierde su validez. La teoría unificada que los investigadores han buscado durante largo tiempo se denomina frecuentemente gravedad cuántica, lo que indica la necesidad de integrar las leyes de la mecánica cuántica con la relatividad general, teorías exitosas por derecho propio que padecen una desafortunada incompatibilidad.

El propio Einstein emprendió la búsqueda de una teoría unificada más amplia pocos años después de publicar sus ahora célebres ecuaciones de campo, aunque por razones diferentes, aunque igualmente convincentes. Como hemos analizado, no le preocupaba especialmente la posibilidad de que existieran objetos con singularidades porque no creía que tales objetos pudieran existir realmente, sino que los consideraba construcciones matemáticas sin fundamento en la realidad física. Sin embargo, a Einstein le inquietaba el hecho de que coexistieran, a principios del siglo xx, dos teorías distintas en física, el electromagnetismo y la relatividad general, cada una de las cuales regía ciertos aspectos del comportamiento de los objetos y las partículas en nuestro universo, y cuyos alcances se extendían infinitamente, con una disminución proporcional a la misma relación inversa al cuadrado. Para él (y, ciertamente, para muchos otros también) resultaría más natural, así como más satisfactorio desde el punto de vista estético, que todo esto se integrara dentro de un marco unificado. Además, la conservación de la carga que existe en el electromagnetismo presentaba paralelismos con la conservación de la energía y el momento que se observan en la relatividad general y la mecánica clásica. No obstante, las dos teorías parecían funcionar de forma independiente e incluso se regían por diferentes conjuntos de principios: por ejemplo, mientras que la gravedad poseía una interpretación geométrica en su esencia, el electromagnetismo aún no se había formulado de esa manera.

Esta dicotomía no convencía a Einstein, que se propuso encontrar una teoría única que uniera perfectamente el electromagnetismo y la gravitación para colocarlos bajo un marco conceptual común. Como explicó en su discurso del Premio Nobel de 1923: «La mente que se esfuerza por unificar la teoría no puede conformarse con que existan dos campos que, por su naturaleza, son bastante independientes. Se busca una teoría matemática unificada en la que el campo gravitatorio y el electromagnético se interpreten únicamente como componentes o manifestaciones diferentes del mismo ámbito uniforme».[1]

Se dedicó a este empeño, prácticamente en exclusiva, durante el resto de su vida, por lo que perdió de vista los principales avances que ocurrían a su alrededor, especialmente en el ámbito de la física cuántica. Según la mayoría de los relatos, no fue una empresa exitosa. «La búsqueda de Einstein fue principalmente una sucesión de pasos en falso, caracterizados por una complejidad matemática creciente, que comenzó con su reacción a los pasos en falso de otros», escribió su biógrafo Walter Isaacson.[2] Einstein, según el físico galardonado con el Premio Nobel David Gross, emprendió «una búsqueda inútil de una teoría unificada de la física».[3] La Sociedad Americana de Física resumió la trayectoria profesional de Einstein de manera similar: «Tras haberse hecho célebre por varios avances brillantes en física, como el movimiento browniano, el efecto fotoeléctrico y las teorías especial y general de la relatividad, Albert Einstein dedicó los últimos treinta años de su vida a la búsqueda infructuosa de una manera de combinar la gravedad y el electromagnetismo en una única teoría elegante».[4] Esta interpretación resulta razonablemente precisa, aunque cabría discrepar, con motivo, acerca del uso del término infructuosa.

Es cierto que Einstein no tuvo éxito en su esfuerzo de más de tres décadas. También es cierto que aún no se ha logrado la unificación completa de la gravedad con las otras tres fuerzas fundamentales que ahora se conocen: electromagnética, débil y fuerte. No obstante, se puede argumentar de manera convincente que la búsqueda moderna y todavía en curso de la unificación, en la que Einstein desempeñó un papel fundamental como impulsor, ha producido una cosecha apreciable de «frutos».

Su primer artículo sobre una teoría del campo unificado se publicó en 1922, aunque ya llevaba varios años reflexionando sobre el problema. Resultaría difícil calificar ese artículo como un gran logro. «Aún no había llegado el momento de la unificación», como señaló posteriormente Abraham Pais.[5] Hasta ese momento solo se habían identificado dos de las cuatro fuerzas fundamentales conocidas: la gravedad y el electromagnetismo. Las teorías que describían las fuerzas nucleares débiles y fuertes tardarían más de una década en desarrollarse. Y no existe un método infalible para unificar lo que no se conoce y ni siquiera se puede concebir.

No obstante, el objetivo establecido por Einstein merecía la pena, aunque su momento no fue propicio, sino, como ahora sabemos, algo prematuro. «La unificación de las fuerzas es ahora ampliamente reconocida como una de las tareas más importantes de la física, quizás, la más importante», añadió Pais.[6] De hecho, como afirmó Gross, el objetivo de unir la gravedad con las otras fuerzas «es el tema central de la física fundamental actual». E incluso si Einstein no tuvo éxito, su influencia no podría haber sido mayor, añadió Gross. «Para todos los físicos, pero especialmente para aquellos que trabajan en áreas especulativas, Einstein sigue siendo una inspiración por su visión de futuro y su inquebrantable determinación y coraje».[7]

El desafío que asumió Einstein ha constituido un gran estímulo para la ciencia, parte de un impulso continuo, que se remonta a épocas mucho más tempranas, para concebir un «sistema de pensamiento»,[8] como él lo expresó, que pudiera explicar por sí solo una gama más amplia de fenómenos. En la década de 1660, por ejemplo, Isaac Newton comenzó a desarrollar una teoría de la gravedad que demostraba que la fuerza terrestre, que hacía que las manzanas cayeran de los árboles, era la misma que la fuerza celeste que mantiene a la Luna en órbita alrededor de la Tierra y a los planetas del sistema solar en órbita alrededor del Sol. A finales del siglo XVIII (como explicamos en el capítulo 3), Joseph-Louis Lagrange demostró que varias leyes físicas, incluidas las leyes del movimiento de Newton (de las que se derivó su teoría de la gravedad), podían surgir de un único principio unificador: el principio de acción. Y en la década de 1860, James Clerk Maxwell (basándose en los experimentos anteriores de Michael Faraday) elaboró una teoría del electromagnetismo que describía el comportamiento no solo de la electricidad y del magnetismo, sino también de la luz en todas sus manifestaciones y frecuencias.

Einstein se unió a esa misma tradición y buscó explicaciones que abarcaran una gama cada vez más amplia de fenómenos. De hecho, ya había reflexionado en esta línea en 1917, cuando escribió al matemático Felix Klein y afirmó que no tenía ninguna duda de que la descripción de la gravedad que surge de la relatividad general «tendrá que ceder ante otra, por razones que en la actualidad aún no podemos vislumbrar. Creo que ese proceso de profundización de la teoría no tiene límites».[9] Einstein desarrolló este tema cuando intervino, años después, en la Universidad de Columbia: «Buscamos el sistema de pensamiento más simple posible que conecte los hechos observados. «Por sistema más simple no nos referimos a aquel que el estudiante asimilará con menos dificultad, sino al que contiene el menor número posible de postulados o axiomas mutuamente independientes».[10]

A falta de datos experimentales en los que apoyarse, los esfuerzos de Einstein en esta empresa siguieron el camino de las matemáticas, un giro de ciento ochenta grados respecto a su postura anterior, cuando rivalizaba intensamente con Hilbert para obtener las ecuaciones de la relatividad general. Einstein expuso su nuevo enfoque en una conferencia que impartió en 1933 en la Universidad de Oxford: «Nuestra experiencia hasta la fecha justifica nuestra certeza de que en la naturaleza se refleja el ideal de la simplicidad matemática. Estoy convencido de que la construcción matemática pura nos permite descubrir los conceptos y las leyes que los conectan, lo que nos proporciona la clave para comprender los fenómenos naturales. La experiencia puede orientarnos, por supuesto, pero el principio verdaderamente creativo reside en las matemáticas. En cierto sentido, por tanto, sostengo que es verdad que el pensamiento puro tiene capacidad para comprender lo real, como soñaban los antiguos».[11]

En una carta dirigida a Einstein cuatro años antes, Wolfgang Pauli manifestó la consternación que él y otros físicos compartían ante la visión del mundo recientemente transformada de Einstein: «Ahora solo nos queda felicitarle (¿o quizá debería decir "darle el pésame"?) por haberse pasado al bando de los matemáticos puros».[12]

El trabajo de Einstein en este campo presentó otra característica distintiva: a diferencia de la formulación de la relatividad general, las principales innovaciones para establecer una teoría de campo unificada no las realizó principalmente Einstein con la ayuda de otros, sino que fueron obra de otros científicos, mientras él desempeñaba un papel más secundario y, a menudo, de asesor. Los primeros avances significativos en esta dirección los lograron los matemáticos Hermann Weyl y Theodor Kaluza.

La matemática de la relatividad general, tal como se formuló originalmente, no ofrecía una vía preparada para la geometrización de la fuerza electromagnética. En un artículo publicado en 1918, Weyl demostró cómo la geometría riemanniana, en el contexto del espacio-tiempo tetradimensional, podía ampliarse de tal manera que describiera no solo la gravedad, sino también el electromagnetismo. Según la perspectiva de Weyl, el electromagnetismo debía considerarse una propiedad del espacio-tiempo, exactamente como se concebía la gravitación en la relatividad general. Intentó lograr esta fusión de fuerzas al incorporar un término adicional (denominado potencial electromagnético) dentro del tensor de Einstein, G_{ij}, que en la relatividad general ordinaria describe la curvatura del espacio-tiempo.[13]

El artículo de Weyl de 1918, según el físico Lochlainn O'Raifeartaigh, «mostró por primera vez cómo se podía atribuir un significado geométrico al campo electromagnético».[14] Weyl argumentó que la invariancia de coordenadas de la teoría gravitacional tenía una contrapartida: una invariancia de escala que se asociaba con el electromagnetismo. La noción de invariancia de escala o de calibre, en términos simples, sostiene que las leyes físicas, y, por tanto, la física misma, permanecen inalteradas incluso cuando el calibre, la unidad de medida o el criterio, se modifica uniformemente por un factor común.

El físico Juan Maldacena propuso el siguiente ejemplo: imaginemos que alguien convierte dólares estadounidenses en pesos argentinos a un tipo de cambio de tres mil pesos por dólar. Si Argentina introdujera entonces una nueva denominación monetaria (como ocurrió a finales de los años ochenta), el austral, que equivale a mil pesos, quien cambiara un dólar estadounidense recibiría tres australes en lugar de tres mil pesos. Este cambio de moneda es análogo a lo que los físicos denominan una transformación de calibre o simetría de calibre, explicó Maldacena, porque, tras esta transformación, «nada cambia. Nadie es más rico ni más pobre, y el cambio no ofrece nuevas oportunidades económicas». Y añadió: «Y no modifica nada físico, como el número de plátanos que se pueden comprar con el salario».[15]

En física existen numerosos ejemplos donde surgen transformaciones de este tipo. Los cambios de moneda son análogos a los potenciales magnéticos que varían de un punto a otro en un campo magnético y, por tanto, se relacionan con las fuerzas variables ejercidas sobre una partícula cargada que se desplaza dentro de esa región. Otro ejemplo sería: modificar el voltaje (V) de un sistema mediante la adición de una constante (C) no afecta a los campos eléctricos y magnéticos. Así, la diferencia entre tener un potencial eléctrico de 110 voltios en un extremo de un circuito y 100 voltios en el otro no varía si sumamos 10 voltios a cada lado. Además, si V constituye una solución a las ecuaciones de Maxwell del electromagnetismo, entonces $V + C$ también lo es. Esto se debe a que V se define en relación con un punto de referencia, o tierra, que resulta en sí mismo arbitrario. Dado que el voltaje no está vinculado a ninguna escala absoluta, lo clasificamos como una propiedad que presenta invariancia de calibre.

Weyl identificó una posible conexión matemática entre dos representaciones diferentes de la invariancia de la métrica. Una tenía carácter geométrico y se relacionaba con una vara de medir cuya longitud podía variar de un punto a otro en el espacio-tiempo, mientras que la otra estaba vinculada a una propiedad intrínseca del campo electromagnético. Esta estrategia, conjeturó Weyl, podría ofrecer una forma de geometrizar el electromagnetismo y, con ello, conectarlo a la gravedad ya geometrizada. Sin embargo, los físicos advirtieron las aparentes deficiencias de este argumento. «Simplemente no creo que la ruta por la que has optado sea la correcta, por muy bien fundamentada que esté», le escribió Einstein a Weyl en una carta de septiembre de 1918, en la que además lamentaba el hecho de que «¡el Señor no nos lo puso fácil!».[16] Einstein formuló una objeción específica: el espectro de radiación electromagnética emitido por un átomo de hidrógeno dependería, en el planteamiento de Weyl, de la historia pasada del átomo, donde historia en este contexto se refiere a la trayectoria específica que el átomo siguió a través del espacio-tiempo. Esta era una proposición que los experimentos realizados en la Tierra, así como las observaciones astronómicas de estrellas distantes, no corroboraban.

Weyl se tomó muy en serio estos comentarios y le confesó a Einstein unos meses después: «[su crítica] me perturba mucho, por supuesto, ya que la experiencia ha demostrado que uno puede confiar en su intuición».[17] No obstante, en lugar de rendirse, Weyl intensificó sus esfuerzos. «Es un mérito de su agudeza matemática y su autoconfianza que persistiera en su empeño», destacó el matemático Michael Atiyah. «La idea era demasiado hermosa para descartarla».[18]

El propio Weyl manifestó su convicción de que las leyes naturales deben expresarse mediante una forma matemáticamente elegante. «Mi trabajo siempre ha intentado unir lo verdadero con lo bello; pero, cuando he tenido que elegir entre uno u otro, normalmente he optado por lo bello».[19]

En 1929, Weyl había resuelto su problema anterior. Logró superar la objeción de Einstein al demostrar un punto crucial: el movimiento de un átomo de hidrógeno a través del espacio-tiempo no afectaría al espectro o frecuencia de la radiación emitida. Este movimiento solo modificaría la *fase* de las ondas electromagnéticas emitidas. Dicha fase se relaciona con el punto específico en que se encuentra una onda determinada dentro de su ciclo periódico. Esto eliminó el conflicto previo con la evidencia empírica, lo que le permitió aplicar con éxito su nuevo enfoque de la teoría de calibre al electromagnetismo.[20] La teoría que había desarrollado entrelazaba la gravitación, el electromagnetismo y la materia, aunque sus implicaciones eran mucho más amplias: Weyl sostuvo que la teoría de calibre —o invariancia de calibre, como él la denominaba— constituía una característica general de las leyes naturales.[21]

La historia ha confirmado posteriormente esta afirmación, al demostrar que tres de las cuatro fuerzas fundamentales conocidas, o interacciones, en física (la electromagnética, la débil y la fuerte) pueden explicarse mediante la teoría de calibre. La gravedad, sin embargo, sigue siendo algo atípica en este sentido y se comprende mejor, en la actualidad, a través del principio de equivalencia.

«El descubrimiento de este principio de calibre más amplio como principio fundamental de la física fue un proceso lento y tortuoso que duró más de sesenta años —indicó O'Raifeartaigh, que dividió este proceso en tres etapas—: en la primera etapa se demostró, principalmente por Hermann Weyl, que la invariancia de calibre tradicional del electromagnetismo estaba relacionada con la invariancia de coordenadas de la teoría gravitacional.[22] La segunda etapa consistió en generalizar la invariancia de calibre utilizada en el electromagnetismo a una forma que pudiera aplicarse a las interacciones nucleares», una labor que comenzó con la contribución de Weyl y llevó a lo que actualmente se denomina teoría de calibre de Yang-Mills.[23] Es importante destacar que dicha teoría se fundamentó en gran medida en el trabajo previo de los matemáticos Weyl, Élie Cartan, Shiing-Shen Chern, André Weil y otros. El físico Chen Ning Yang (el Yang de Yang-Mills, quien, en esta empresa, había colaborado con el físico Robert Mills) reconoció su desconocimiento de los fundamentos matemáticos de la teoría cuando le confesó a Chern que le parecía «emocionante y desconcertante [que] ustedes, los matemáticos, concibieran estos conceptos de la nada». La respuesta de Chern fue que el desarrollo de estos conceptos en matemáticas no surgió de la nada; por el contrario, tenía una historia larga y compleja.[24]

En la tercera etapa a la que alude O'Raifeartaigh se demostró que la teoría de calibre podía adaptarse a una forma capaz de describir tanto las interacciones nucleares débiles como las fuertes.[25] Cabría añadir también una cuarta etapa, puesto que la teoría de calibre ha contribuido igualmente a avances más recientes dirigidos a alcanzar (aunque todavía no se ha conseguido) el objetivo de Einstein de la gran unificación.

La historia no concluyó aquí. «La teoría de calibre no solo constituye el marco de la física moderna, sino que también representa una de las áreas más novedosas y emocionantes de las matemáticas modernas», afirmó Atiyah. Esta se vincula con múltiples campos de las matemáticas, incluido el concepto geométrico de transporte paralelo y el estudio de una amplia clase de objetos geométricos denominados haces de fibras (un tema relevante en matemáticas que no abordaremos en profundidad en este ensayo). Atiyah subrayó un ejemplo notable entre muchos posibles: «La teoría de las variedades de cuatro dimensiones debida a Simon Donaldson..., que surgió de la física pero ha resultado ser de profunda importancia para la geometría».[26]

Kaluza, al igual que los matemáticos y físicos posteriores, se inspiró profundamente en el trabajo de Weyl. No obstante, el trabajo de Kaluza y sus seguidores siguió una línea completamente diferente. En un artículo que redactó en 1919 y que se publicó dos años después, Kaluza sostuvo que, aunque «la dualidad residual de la gravitación y el electromagnetismo no disminuye la belleza de esta teoría [la relatividad general], exige su sustitución por una imagen totalmente unificada». Asimismo, en este artículo proponía «una realización aún más perfecta de la unificación» que la presentada en «la profunda teoría de H. Weyl».[27]

En el núcleo del pensamiento de Kaluza se encontraban los diez campos o funciones distintos necesarios para describir con precisión el funcionamiento de la gravedad en cuatro dimensiones. Para determinar la curvatura es preciso examinar las derivadas (tanto la primera como la segunda) de estas funciones. Como hemos visto, la fuerza puede representarse en la forma matemática compacta de un tensor métrico, una matriz de cuatro por cuatro que contiene dieciséis entradas, de las cuales solo diez son independientes. Si, al igual que Kaluza, deseáramos incorporar el electromagnetismo en la ecuación, ¿dónde lo situaríamos? Esa misma matriz de cuatro por cuatro no puede acomodar la inserción del electromagnetismo porque simplemente no cabe. Kaluza generó espacio adicional al introducir una quinta dimensión en este esquema, lo que originó, naturalmente, una matriz de cinco por cinco. Las ecuaciones gravitatorias encajan en esta matriz, lo que deja espacio para incluir el electromagnetismo en el mismo tensor ampliado de veinticinco elementos, de los cuales quince son independientes.

No resulta sorprendente que la idea de añadir una dimensión adicional, y así ampliar el marco en el que una teoría unificada desarrolla su potencial, procediera de un matemático en lugar de un físico. Esto se debe a que constituye una práctica habitual en la actualidad, y lo era incluso hace un siglo, que los matemáticos conciban espacios de dimensiones superiores e incluso infinitas. Sin embargo, fue necesario que un físico, en este caso Oskar Klein, completara algunos aspectos, tanto cualitativos como cuantitativos, sobre esta quinta dimensión. En 1926, Klein ofreció una respuesta a la pregunta evidentemente obvia: si realmente existe una dimensión extra, ¿por qué nadie la ha observado?[28]

Klein propuso que esta dimensión era extraordinariamente compacta, plegada en un círculo tan minúsculo que nunca había sido detectada. Para visualizar este concepto imaginemos un cable telefónico, tenso y horizontal entre dos postes. Desde lejos, aparenta ser un hilo unidimensional que solo permite el desplazamiento en una trayectoria lineal, hacia la derecha o hacia la izquierda, pero nada más. Sin embargo, si nos acercamos, descubriremos que la superficie del cable constituye en realidad un cilindro bidimensional. Un organismo diminuto, como una hormiga, podría desplazarse no solo a lo largo de un camino lineal (de un poste telefónico a otro), sino también en dirección circular, recorriendo el perímetro del cable hasta regresar al punto de partida.

Para describir la quinta dimensión de nuestro espacio-tiempo, Klein recurrió a una dirección circular oculta que, según sus cálculos, debía ser increíblemente reducida: aproximadamente 10^{-30} centímetros de circunferencia. Ubicaba esta medida cerca de la denominada longitud de Planck, que, de acuerdo con las teorías físicas actuales, representa la menor medida posible. De este modo, una dimensión de tales características podría existir sin ser percibida.

Einstein sentía fascinación por la posibilidad de trascender las cuatro dimensiones y, a lo largo de los años, investigó personalmente formas de materializar este concepto. «La idea de lograr [la unificación] con un mundo cilíndrico de cinco dimensiones nunca se me ocurrió y me resulta muy atractiva. Ahora todo depende de que su idea resista el escrutinio físico», escribió a Kaluza en 1919.[29]

Pero ahí estaba el problema: la teoría de Kaluza-Klein, como se denominó este enfoque, finalmente no resistió tal escrutinio. Por un lado, la teoría predecía una partícula cuya existencia nunca se comprobó. Además, los cálculos de la relación entre la masa de un electrón y su carga, basados en esta teoría, resultaron enormemente inexactos.

No obstante, la idea no se descartó por completo. Al contrario, mantiene una relevancia considerable, principalmente debido a la propuesta general formulada por Kaluza, y desarrollada por Klein, de que algunos misterios de nuestro universo pueden explicarse mediante la presencia de dimensiones que hasta ahora han permanecido invisibles. De hecho, esta constituye una premisa central de la teoría de cuerdas, un enfoque prometedor pero no verificado para la unificación, que se fundamenta en la noción de que el espacio-tiempo, y, por tanto, el universo mismo, es un espacio de once dimensiones.

(En la actualidad predominan dos versiones de la teoría de cuerdas: una con diez dimensiones y la teoría M, con once. Los físicos sostienen que estas teorías son complementarias y no rivales, y algunos incluso plantean que el universo podría incorporar tanto diez como once dimensiones). El espacio-tiempo, según este marco teórico, incluye el tiempo, las tres dimensiones espaciales conocidas (e infinitamente extensas), y seis o siete dimensiones espaciales en miniatura plegadas en una espiral compacta que las oculta a la vista. «En lugar de simplemente postular la existencia de dimensiones adicionales, como habían hecho Kaluza, Klein y sus seguidores, la teoría de cuerdas *las requiere*», explicó el físico Brian Greene.[30]

La teoría, que busca integrar las dos teorías físicas más exitosas del siglo xx, la mecánica cuántica y la relatividad general, se sitúa directamente en el campo de la gravedad cuántica. La principal innovación consiste en sustituir los objetos puntuales de la física de partículas por objetos extendidos (aunque extraordinariamente pequeños) denominados cuerdas. Las fuerzas y las partículas corresponden a diferentes modos de vibración de estas cuerdas, que se retuercen en un espacio de dimensiones superiores, una propuesta que jamás habría recibido ninguna atención sin los trabajos previos de Kaluza y Klein.

La teoría de cuerdas exige más que la simple adición de algunas dimensiones para que las cuerdas vibren. Las ecuaciones derivadas de esta teoría imponen restricciones severas sobre la configuración geométrica que pueden adoptar dichas dimensiones. Su tamaño y forma exactos influyen decisivamente en el tipo de universo que habitamos, pues determinan las propiedades físicas de las partículas y fuerzas observadas en la naturaleza, e incluso las características de partículas y fuerzas que podrían existir pero que todavía no se han detectado.

En 1984, un grupo de físicos intentó determinar la geometría, o configuración exacta, de las seis dimensiones ocultas en su esfuerzo por formular una teoría de diez dimensiones que describiera el mundo que realmente habitamos. Uno de estos investigadores, Andrew Strominger, contactó con Shing-Tung Yau para consultarle sobre las características de los espacios que pronto se conocerían como variedades de Calabi-Yau. Esta denominación provino de una conjetura planteada en 1954 por el matemático Eugenio Calabi que Yau demostró veintitrés años después. En términos sencillos, Calabi quería averiguar si ciertos tipos de variedades que se ajustan a una forma o topología general también podían cumplir condiciones geométricas muy específicas y rigurosas. Cuando presentó la conjetura, Calabi consideraba que «no tenía nada que ver con la física. Era estrictamente geometría».[31]

Yau veía las cosas de otra manera. Puesto que la conjetura de Calabi dependía de la curvatura de Ricci, que puede vincularse con la distribución de la materia dentro de un espacio específico, Yau advirtió que demostrar un caso particular de esa conjetura equivaldría a responder a la siguiente cuestión en relatividad general: ¿podría existir gravedad en un espacio-tiempo (o universo) completamente desprovisto de materia, es decir, un espacio-tiempo con curvatura de Ricci nula? Mediante su demostración, que requirió muchos años para completarse, Yau finalmente respondió a esa cuestión de manera afirmativa. En este proceso, demostró la existencia de las formas multidimensionales postuladas por Calabi y fundamentadas estrictamente en las matemáticas.

Durante su conversación con Strominger, Yau explicó las propiedades de las variedades de Calabi-Yau de seis dimensiones, y estas resultaron poseer las características específicas que buscaban los físicos, en particular, Philip Candelas, Gary Horowitz, Strominger y Edward Witten. Necesitaban un medio para plegar, o «compactar», las seis dimensiones adicionales postuladas por la teoría de cuerdas, lo que las haría finitas en extensión y, de hecho, extremadamente reducidas. Las variedades de Calabi-Yau parecían perfectas para esta tarea.

Los físicos incorporaron la variedad de Calabi-Yau en 1984 y, desde entonces, se ha convertido en un elemento central de la teoría de cuerdas, tan fundamental para su funcionamiento como las propias cuerdas. Así como James Hartle declaró que «la gravedad es geometría»,[32] si la teoría de cuerdas es correcta, podríamos extender esta idea: la física es geometría, eco del antiguo postulado platónico según el cual «Dios es geómetra». Esta visión no resulta exagerada para los defensores de la teoría de cuerdas, que sostienen que, en su versión de diez dimensiones, la geometría de Calabi-Yau define todas las propiedades de las partículas y fuerzas naturales.

Pero, como se ha mencionado anteriormente, la teoría de cuerdas no ha sido corroborada por experimentos, y tal validación será, según todos los indicios, muy difícil de obtener. Todavía no sabemos si la teoría de cuerdas resultará ser la «teoría de la naturaleza» que los físicos buscan desde hace tanto tiempo. Muchos científicos la consideran, en cambio, un paso hacia la teoría definitiva, aunque todavía queda «un largo camino por recorrer», como afirmó el físico y pionero de la teoría de cuerdas Leonard Susskind.[34]

Sin embargo, la naturaleza provisional de la teoría no implica una ausencia de contribuciones significativas. Por el contrario, la teoría de cuerdas «nos ha enseñado muchas cosas sobre cómo encajan la gravedad y la mecánica cuántica», según explicó Susskind.[35] En 1996, por ejemplo, Strominger y su colega Cumrun Vafa utilizaron la teoría de cuerdas para ofrecer una imagen detallada de la estructura interna de un agujero negro. Dos décadas antes, Jacob Bekenstein y Stephen Hawking habían comprobado que un agujero negro contiene una entropía sorprendentemente elevada e inexplicable. La entropía, en este contexto, cuantifica las posibles configuraciones que pueden adoptar las partículas y la materia en el interior del agujero negro a escala microscópica. Strominger y Vafa, con la aplicación de las herramientas de la teoría de cuerdas, lograron esclarecer ese misterio y demostraron, por primera vez, el origen exacto de esa complejidad interna.[36]

Otro ejemplo notable tuvo lugar seis años antes, cuando Brian Greene (en aquel momento investigador posdoctoral de Yau) y Ronen Plesser (entonces doctorando de Vafa) descubrieron que dos variedades de Calabi-Yau diferentes, con formas o geometrías distintas, producían la misma física, un fenómeno que posteriormente se denominó simetría especular.[37] Este hallazgo trascendía la mera coincidencia. En 1991, un equipo de cuatro físicos aplicó la simetría especular para resolver una versión de un problema formulado inicialmente a finales del siglo XIX por el matemático Hermann Schubert, que consistía esencialmente en calcular el número de esferas que podían insertarse en una variedad de Calabi-Yau de seis dimensiones. El resultado obtenido, 317 206 375, concordaba perfectamente con el número calculado mediante métodos matemáticos tradicionales.

Este resultado sorprendente proporcionó a los matemáticos una nueva estrategia para abordar diversos problemas en su campo, al aprovechar la insólita correspondencia entre variedades de Calabi-Yau con diferentes configuraciones. Cuando resultaba excesivamente complejo resolver un problema mediante el análisis de una variedad de Calabi-Yau específica, podían intentar solucionarlo a través de su equivalente o par especular.

En 1996, Strominger, Yau y Eric Zaslow ofrecieron la primera explicación verdaderamente útil de la simetría especular hasta la fecha.[39] Según la denominada conjetura SYZ (nombrada así por las iniciales de sus tres autores), es posible generar una variedad especular mediante la división de una variedad de Calabi-Yau de seis dimensiones en dos subvariedades tridimensionales. Estas subvariedades se alteran sutilmente (a través de cierto tipo de transformación matemática), se invierten, se recombinan de manera distinta y, *¡voilà!*, surge una variedad especular.

La conjetura SYZ ha facilitado una comprensión mucho más profunda de la simetría especular, un concepto que continúa ejerciendo influencia tanto en matemáticas como en física. Esta formulación contribuyó a revitalizar el campo de la geometría enumerativa, relacionada con el cómputo de curvas de diversos tipos que pueden ajustarse a distintas superficies multidimensionales. La simetría especular también ha influido notablemente en la geometría algebraica, disciplina que estudia los objetos geométricos que constituyen soluciones a ecuaciones algebraicas (específicamente polinómicas): el círculo, como ejemplo elemental, representa una solución a ecuaciones de la forma $x^2 + y^2 = 1$.

A partir de la conjetura SYZ, los matemáticos Mark Gross y Bernd Siebert desarrollaron una teoría fecunda sobre dualidad en geometría algebraica. Resulta acertado afirmar que el interés por las dualidades identificables en matemáticas y física —la posibilidad de observar el mismo objeto o fenómeno desde dos perspectivas o marcos completamente distintos— se ha ampliado considerablemente desde el descubrimiento original de la simetría especular.

En su intento de comprender el origen de la simetría especular, que constituye todavía un área de investigación activa, los matemáticos han descubierto vínculos nuevos e insospechados entre la geometría algebraica y la geometría simpléctica. Esta última concibe el espacio no como estructura rígida sino como entidad dinámica, que puede definirse mediante el análisis del comportamiento de objetos que se desplazan a través de él, ya sean partículas o cuerpos celestes. Cuando esta simetría está presente, un mismo problema matemático puede abordarse indistintamente desde técnicas algebraicas o simplécticas, según convenga, lo que dota a los investigadores de un recurso metodológico extraordinariamente versátil.

Las aplicaciones matemáticas de la teoría de cuerdas continúan expandiéndose. También se registran avances en física, aunque la anhelada unificación aún no se ha alcanzado, ni parece cercana. No obstante, la teoría de cuerdas ha aportado algunos de los modelos más precisos hasta ahora sobre las condiciones primigenias del universo apenas una millonésima de segundo después del *big bang*, cuando el cosmos consistía en un plasma de quarks y gluones a temperaturas y densidades extremas. Asimismo, la teoría de cuerdas se aplica con eficacia en la física de la materia condensada, donde ha predicho acertadamente comportamientos previamente inexplicables de los electrones en superconductores de alta temperatura.

Es cierto que la teoría de cuerdas no ha satisfecho las elevadas expectativas de hace tres décadas respecto a la unificación de la relatividad general y la mecánica cuántica en un marco teórico coherente. Sin embargo, existe un aspecto favorable: la aproximación entre las matemáticas y la física, o al menos un vínculo considerablemente más estrecho. «Aunque la teoría de cuerdas aún no ha logrado lo que se esperaba inicialmente —afirmó el historiador de la ciencia Peter Galison—, ha abierto nuevos dominios de las matemáticas».[40]

Esta situación encierra cierta ironía: la relatividad general y los intentos de fusionarla con el electromagnetismo condujeron al desarrollo de la teoría de calibre e indirectamente prepararon el terreno para la teoría de cuerdas. Estas han estimulado una actividad matemática extensa y persistente, a pesar de que las relaciones entre matemáticas y física ocasionalmente se caracterizan (y se deterioran) por la competencia. Algunos matemáticos pueden considerar su trabajo más riguroso y puro que el de los físicos, mientras que estos últimos argumentan que ciertas elaboraciones matemáticas resultan excesivamente abstractas e intangibles para tener aplicación práctica.

Einstein formó parte de este último bando. Al principio de su carrera, afirmó que «no creía en las matemáticas».[41] Desconfiaba especialmente de las incursiones (o intromisiones) de los matemáticos en sus áreas particulares de investigación. Einstein inicialmente vio con recelo el intento de Minkowski de geometrizar la relatividad especial, mientras comparaba el enfoque axiomático de Hilbert, que daba prioridad a las matemáticas, para formular una teoría gravitacional, con las labores de un niño «desconocedor de las trampas del mundo real».[42] Hilbert, por supuesto, tenía una respuesta para eso y, de hecho, declaró que «la física es demasiado difícil para los físicos».[43]

Einstein, como hemos visto, cambiaría de opinión. En etapas posteriores de su vida llegó a admitir que «un conocimiento más profundo de los principios básicos de la física está ligado a los métodos matemáticos más intrincados», revelación que asimiló «solo gradualmente después de años de trabajo científico independiente».[44] Esta evolución intelectual, sin embargo, no lo eximió de las críticas de colegas físicos como Pauli, quien lo acusó metafóricamente de haber jurado lealtad al bando enemigo.

Resultaría imposible, no obstante, sostener que los avances en física no pueden nutrirse de los progresos en matemáticas y viceversa. Este flujo constante e intercambio de conceptos a través de fronteras disciplinarias no se circunscribe únicamente a la teoría de cuerdas. La relatividad general ha alimentado el campo matemático tan profusamente como la simetría especular y la teoría de cuerdas. Al concluir nuestro recorrido, la reciprocidad entre disciplinas debería considerarse una realidad innegable. Si bien hemos destacado cómo el conocimiento matemático nutrió la creación de la teoría general de la relatividad y facilitó la comprensión de sus complejas implicaciones, dicha teoría ha generado, a su vez, un extraordinario caudal de avances matemáticos.

El encuentro de Einstein —con la colaboración de Grossmann— con la geometría riemanniana y el cálculo tensorial de Gregorio Ricci y Tullio Levi-Civita constituyó la estructura matemática fundamental sobre la que edificó su teoría de la relatividad general, lo que representa un ejemplo contundente de esta interrelación. La relatividad general suscitó un renovado interés por la geometría riemanniana, que hasta ese momento había permanecido como «un remanso de las matemáticas», según el matemático Mihalis Dafermos. «La razón por la que la geometría riemanniana se recuperó y se convirtió en un campo importante de las matemáticas es, sin duda, la relatividad general».[45]

Esta simbiosis alcanza dimensiones aún más profundas. El matemático Hung-Hsi Wu señaló que, cuando Einstein adoptó los espacios curvos multidimensionales introducidos por Bernhard Riemann, estaba reconociendo una verdad más revolucionaria: «No eran solo construcciones abstractas concebidas por matemáticos, sino precisamente lo que necesitábamos para comprender el universo», afirmó Wu.[46]

El cálculo tensorial, introducido inicialmente por Ricci como cálculo diferencial absoluto y posteriormente refinado por Levi-Civita, adquirió relevancia significativa tanto en física como en matemáticas, gracias a la teoría gravitacional de Einstein. «No es exagerado afirmar que la relatividad general de Einstein fue la aplicación decisiva del [cálculo diferencial absoluto] de Ricci», señaló la historiadora de la ciencia Judith Goodstein.[47]

La relatividad general, sin embargo, no se limitó a dotar de utilidad a una rama anteriormente poco conocida de las matemáticas. El tensor de Ricci, concepto formulado aproximadamente dos décadas antes del surgimiento de la relatividad general, experimentó un renacimiento matemático tras su incorporación en las ecuaciones de campo de 1915. El flujo de Ricci, técnica desarrollada por el matemático Richard Hamilton y fundamentada en el tensor de Ricci, fue posteriormente adoptada y expandida por Grigori Perelman. Este flujo constituyó un elemento esencial en la demostración de Perelman, publicada en tres artículos durante 2002 y 2003, del caso tridimensional (y más complejo) de la conjetura de Poincaré. Esta conjetura, con más de un siglo de antigüedad, ha proporcionado nuevas perspectivas sobre la naturaleza topológica de la esfera en tres dimensiones.

El protagonismo que la relatividad general concedió a los espacios tetradimensionales propició finalmente descubrimientos relevante por parte de geómetras y topólogos, al tiempo que planteó nuevos enigmas. Esta línea de investigación fue anticipada por el físico Paul Dirac, que intuía características excepcionales en las cuatro dimensiones. Durante una conferencia impartida en 1924 como estudiante de posgrado en la Universidad de Cambridge expuso su razonamiento: «El geómetra actual no está más interesado en un espacio de cuatro dimensiones que en un espacio de cualquier otro número de dimensiones. Sin embargo, debe existir alguna razón fundamental por la que el universo real es de cuatro dimensiones, y estoy convencido de que, cuando se descubra esta razón, el espacio tetradimensional despertará mayor interés para el geómetra que cualquier otro».[48]

Simon Donaldson, que en 1982 comenzó a publicar una serie de artículos revolucionarios sobre la estructura del espacio tetradimensional, considera que la afirmación de Dirac resultó «bastante profética»: «Una de las conclusiones derivadas de las teorías de calibre es que los espacios tetradimensionales poseen características peculiares. Existen numerosas construcciones matemáticas aplicables a cualquier dimensión. Las ecuaciones de Einstein, por ejemplo, operan en cualquier dimensión, pero ciertos fenómenos solo se manifiestan en cuatro dimensiones».[49]

Como ejemplo, Donaldson señaló que, en el espacio-tiempo te-tradimensional, «los campos eléctricos y magnéticos presentan similitudes, mientras que en otras dimensiones constituyen objetos geométricamente distintos. Uno representa un tensor, y el otro, un vector, por lo que realmente no admiten comparación. Las cuatro dimensiones constituyen un caso excepcional donde ambos son vectores. Allí emergen simetrías inexistentes en otras dimensiones».[50]

Donaldson, considerado la máxima autoridad mundial en la materia, todavía no logra explicar completamente (tampoco sus colegas) por qué existe esta particularidad o por qué las cuatro dimensiones resultan tan singulares: «No es algo que comprendamos de manera fundamental. Constituye un enigma que deberá investigarse en el futuro».[51]

La relatividad general ha estimulado profundamente el desarrollo matemático. Existe, y claramente ha existido, una relación sinérgica entre ambas disciplinas, donde cada una nutre a la otra. Esta interacción entre disciplinas no siempre fluye de manera constante, sino que suele manifestarse en momentos cruciales de fecunda colaboración intelectual para luego disolverse temporalmente hasta una nueva convergencia.

Naturalmente, han existido científicos eminentes en ambos lados de esta «división» que no atribuyen (o no atribuían) gran importancia a la colaboración entre estos campos. El físico galardonado con el Premio Nobel Richard Feynman, por ejemplo, no profesaba especial admiración por tales iniciativas interdisciplinarias: «Si todas las matemáticas desaparecieran hoy, la física retrocedería exactamente una semana». Ante esta declaración, Michael Atiyah ofreció lo que podría considerarse la réplica perfecta: «Esa fue la semana en que Dios creó el mundo».[52] Pese a la brillantez de esta observación, nosotros (los autores de este libro) no la presentaremos como la conclusión definitiva, pues no deseamos sugerir que las matemáticas prevalecieron de algún modo en este debate. Más bien consideramos que el avance científico alcanza su máximo potencial cuando integra armoniosamente perspectivas diversas, y aprovecha tanto el rigor formal de las matemáticas como la intuición de la física para iluminar distintas facetas de la realidad natural.

El avance en la relatividad general, desde sus inicios e incluso antes de su fundación «oficial» como disciplina, se ha fundamentado en la colaboración entre matemáticos y físicos, realidad tan vigente hoy como a principios del siglo XX. En ocasiones, estas líneas de investigación discurren separadamente, con físicos y matemáticos trabajando en sus respectivos dominios. Sin embargo, cuando ambos esfuerzos convergen y se potencian mutuamente, podemos confiar en que nuestra exploración del universo y sus enigmáticos elementos se sustenta sobre cimientos más sólidos, incluso si estos cimientos constituyen esa sutil amalgama tetradimensional denominada espacio-tiempo.

Pese a las objeciones de Feynman, comprender el cosmos requiere tanto de la física como de las matemáticas, una misión que representa una de las más nobles aspiraciones humanas. Esta conclusión fue asimilada progresivamente por Einstein, tras sus recelos iniciales sobre la relevancia matemática. Y nosotros, como comunidad científica, continuamos recogiendo estos frutos en la actualidad. Siguiendo el ejemplo de Einstein, guiados simultáneamente por el rigor matemático y la intuición física, perseveramos en esta sublime búsqueda.

Conclusión

EL LUGAR DONDE SE OCULTA
EL VERDADERO MISTERIO

Por toda la península superior de Míchigan hay señales de tráfico que dirigen a los visitantes hacia una atracción turística: Mistery Spot. Situado a unos ocho kilómetros al oeste de la ciudad de San Ignacio (y aún más cerca en línea recta), Mistery Spot se encuentra dentro de un círculo de 91 metros de diámetro, supuestamente descubierto por topógrafos en la década de 1950, donde, según una fuente autorizada, el *Atlas Obscura*, «la gravedad hace cosas extrañas».[1] Allí se presencian o se dice que ocurren habitualmente otros fenómenos que parecen desafiar las leyes de la física, la naturaleza y el sentido común. Pero no te preocupes, no todo lo que has leído en estas páginas ha sido invalidado por este terreno de 6500 metros cuadrados del norte de Míchigan ni por otros lugares similares que anuncian propiedades igualmente insólitas.[2] La evidencia científica acumulada durante el último siglo apunta en dirección contraria. Las observaciones astronómicas y los experimentos realizados por la comunidad científica internacional confirman sistemáticamente la validez de la teoría de la relatividad general presentada por Albert Einstein en noviembre de 1915.

Y en los más de cien años transcurridos desde que Einstein elaboró sus famosas ecuaciones de campo, esa teoría ha sido sometida a pruebas cada vez más rigurosas, y las ha superado, incluidas las millones o miles de millones de veces al día que utilizamos el GPS y nuestro teléfono inteligente para navegar por el mundo y comunicarnos entre nosotros.

En los elitistas salones del mundo académico, la investigación continúa muy activa. No se trata simplemente de diseñar nuevas verificaciones para la teoría. El campo evoluciona constantemente y con frecuencia progresa en direcciones inesperadas. Es como si Einstein hubiera plantado un árbol en 1915 que no ha cesado de crecer. Sus ramas se extienden continuamente y llegan a conectar con otras de árboles cercanos, que antes parecían aislados y sin parentesco aparente.

Ciertos avances recientes, tanto experimentales como matemáticos, ofrecen una perspectiva, aunque incompleta, de este progreso constante. Por poner un ejemplo, el 4 de mayo de 2011 se presentaron en una rueda de prensa de la NASA los resultados de un experimento realizado en un satélite denominado Gravity Probe B, lanzado en 2004 tras 45 años de preparación. Después de diecisiete meses de recopilación de datos y otros cinco años de análisis, los científicos vinculados al proyecto confirmaron dos predicciones fundamentales de la relatividad general.

En primer lugar, midieron el efecto geodésico —una distorsión imperceptible en el espacio-tiempo provocada por la masa terrestre. Este efecto reduce ligeramente la circunferencia del planeta respecto a 2π veces su radio, lo que demuestra un comportamiento no euclidiano—. Se trata precisamente del tipo de fenómeno sobre el que, aunque parece contradecir nuestra intuición, Einstein ya nos había advertido que no debería sorprendernos. Al contrario, era completamente esperable. El segundo efecto observado, denominado arrastre del marco de referencia, revela cómo la Tierra, al rotar sobre su eje, arrastra consigo el espacio-tiempo. El físico Clifford Will calificó el experimento como «épico»: «Algún día esto figurará en los libros de texto como uno de los experimentos clásicos de la historia de la física».[3]

En palabras de Will: «Aunque es una creencia popular [suponer] que Einstein tenía razón, ningún libro está nunca completamente cerrado en ciencia. Como hemos visto con el descubrimiento en 1998 de que el universo se está acelerando, medir un efecto contrario al dogma establecido puede abrir la puerta a un mundo completamente nuevo de comprensión, así como de misterio». Aunque los resultados de experimentos como el Gravity Probe B respaldan la teoría de Einstein, añadió Will, «no tenía por qué ser así. Los físicos nunca dejarán de poner a prueba sus teorías básicas por la curiosidad de que pueda existir una nueva física más allá de la imagen "aceptada"».[4]

De hecho, las pruebas no han cesado, pero la teoría de Einstein ha resistido todos los desafíos. Un artículo de astrofísica de 2020, elaborado por un equipo internacional de científicos, confirmó el principio de equivalencia con un alto grado de precisión mucho después de la revelación más significativa de Einstein.[5] Al igual que se atribuye a Galileo la demostración de que objetos de diferentes masas dejados caer simultáneamente desde una torre (o liberados desde lo alto de un plano inclinado) llegan al suelo al mismo tiempo, estos investigadores comprobaron que dos estrellas de masas y composiciones marcadamente diferentes caen a través del espacio bajo la influencia gravitacional de una tercera estrella con idéntica aceleración, con una precisión de dos partes por millón. «Quizás más que cualquier prueba anterior, este resultado indica que el pensamiento más afortunado de Einstein realmente captura algo fundamental sobre la gravedad y el funcionamiento interno de la naturaleza», concluyó Paulo Freire, del Instituto Max Planck de Radioastronomía, uno de los coautores del estudio.[6]

Otro descubrimiento relevante, también publicado en 2020, surgió tras veintisiete años de observaciones efectuadas en el Observatorio Europeo Austral, en Chile. Los investigadores trazaron la trayectoria de una estrella denominada S2 durante su órbita alrededor del agujero negro gigante situado en el centro de la Vía Láctea. Determinaron que la órbita de S2 efectivamente presenta precesión en estrecha concordancia con las predicciones de la relatividad general, de manera similar a la órbita de Mercurio alrededor del Sol.[7]

Más recientemente, un grupo internacional de investigación denominado NANOGrav, tras más de quince años de monitorización de estrellas de neutrones con rotación ultrarrápida (púlsares de milisegundo) dentro de nuestra galaxia, reveló en junio de 2023 evidencias de que nuestro universo podría estar permeado por un fondo de radiación gravitacional de baja frecuencia.[8] Los integrantes del equipo de NANOGrav consideran que la señal que detectan no puede atribuirse a una colisión singular y espectacular, sino que parece emanar de «todo a la vez en todas partes», por citar la expresión de una popular película de 2022. El murmullo colectivo detectado, según explicó la astrofísica de Yale Chiara Mingarelli, miembro de la colaboración, «podría proceder de cientos de miles, o posiblemente un millón, de señales superpuestas de la historia de fusiones cósmicas entre binarias de agujeros negros supermasivos».[9] Mientras que las detecciones previas de ondas gravitacionales habían constituido fenómenos aislados, a veces separados por semanas o meses, ahora parecen representar una característica permanente del firmamento, parte de un estruendo cósmico aparentemente continuo y omnipresente.

Los experimentos continúan sin que se vislumbre un final. Las mediciones efectuadas en el Laboratorio del CERN, descritas en un artículo publicado el 28 de septiembre de 2023 en *Nature*, demostraron que los átomos de hidrógeno se comportan exactamente igual en un campo gravitatorio que sus equivalentes de antimateria, los átomos de antihidrógeno, compuestos por antiprotones unidos a antielectrones (es decir, positrones). Este resultado concuerda con el principio de equivalencia débil de la relatividad general, según el cual el movimiento de los cuerpos bajo la influencia gravitatoria no depende de su estructura interna. Este principio ha sido validado para la materia con una precisión extremadamente alta, pero nunca se había verificado directamente para la antimateria.[10]

Paralelamente a estas observaciones empíricas y pruebas cada vez más rigurosas, la relatividad matemática ha experimentado avances significativos. Los investigadores continúan refinando conceptos fundamentales, como la definición de masa, particularmente de la masa cuasilocal, así como del momento angular. El problema de la estabilidad permanece como área crucial de investigación.

Los matemáticos demostraron en 1986[11] y 1993,[12] respectivamente, que dos soluciones de vacío a las ecuaciones de Einstein —el espacio-tiempo de De Sitter y el espacio-tiempo de Minkowski— presentan estabilidad. Esto significa que, ante perturbaciones leves, estos espacios retornan rápidamente a su estado original o a uno aproximado. Por el contrario, un estudio de 2017 propuso que una tercera solución de vacío, el espacio-tiempo anti-De Sitter, es inestable.[13]

Adicionalmente, una investigación publicada en 2020 (con Shing-Tung Yau como coautor) estableció la estabilidad de las compactificaciones de las variedades de Calabi-Yau, un método similar al mecanismo de Kaluza-Klein para mantener imperceptibles las seis dimensiones adicionales postuladas por la teoría de cuerdas.[14] Esta demostración llegó casi cuatro décadas después de que los físicos introdujeran el concepto de compactificación durante la denominada primera revolución de las supercuerdas. No obstante, existe una importante limitación: hasta el momento, la estabilidad de la compactificación de Calabi-Yau solo se ha verificado en dimensiones superiores a veintitrés, no en las diez dimensiones que contempla realmente la teoría de cuerdas, lo que requiere investigación adicional.

En un estudio de 2023, dos matemáticos completaron una demostración de existencia para una familia infinita de agujeros negros con configuraciones extraordinariamente diversas, aplicable a todas las dimensiones superiores a cuatro.[15] Ese mismo año, otros matemáticos extendieron a dimensiones superiores la demostración de existencia del agujero negro de Schoen-Yau formulada en 1983.[16] La existencia matemática constituye, naturalmente, solo un primer paso, un requisito previo para la existencia física. El hecho de que alguna de estas estructuras fascinantes pueda hallarse en la naturaleza continúa siendo una cuestión abierta en la actualidad.

Es en este ámbito —el de la investigación científica y el rigor matemático, en contraposición al territorio de las curiosidades turísticas— donde se encuentran los auténticos enigmas, cuyo descubrimiento exigirá perspicacia, pues carecen de señalización o guías que orienten nuestra búsqueda. Nos hemos enfrentado anteriormente a esta situación al contemplar un universo frecuentemente desconcertante y extraño. Para comprender el cosmos necesitaremos desarrollar nuevos instrumentos metodológicos adaptados tanto a las matemáticas como a la física, capaces de abrir la «caja cerrada» que, según Einstein, representa nuestro universo. Con estas herramientas perfeccionadas mediante la práctica, quizás logremos examinar el interior de esta caja metafórica y, parafraseando nuevamente al padre de la relatividad, determinar finalmente qué contiene y qué no. Una vez catalogado su contenido satisfactoriamente, podríamos abordar tareas aún más exigentes: investigar qué existe, si es que existe algo, fuera de esa caja que supuestamente encierra todo lo cognoscible, para finalmente establecer cómo llegó ahí en primer lugar.

EPÍLOGO

Reflexiones sobre medio siglo de trabajo relacionado, directa
o indirectamente, con la teoría de la relatividad general

SHING-TUNG YAU

C omo expliqué en mi prefacio de este libro, cuando llegué a la Universidad de California, Berkeley, en otoño de 1969 para realizar mi doctorado en Matemáticas, desconocía por completo la teoría gravitacional
de Einstein. Por entonces, defendía algunas ideas ingenuas. Me
atraían únicamente las «matemáticas puras» y consideraba que
los problemas más valiosos se encontrarían en los campos más
abstractos: cuanto más alejados del mundo físico, mejor. Mi
perspectiva cambió rápidamente al llegar a Berkeley, un destacado centro de actividad intelectual donde entré en contacto
con investigadores que trabajaban en diversos temas fascinantes
sin divisiones estrictas entre disciplinas. Aproveché al máximo
mi tiempo, asistiendo a numerosos cursos y conferencias, además de cumplir con las asignaturas en las que estaba oficialmen-
te matriculado.

A principios de 1970, mientras hacía copias en la secretaría
de Matemáticas, me encontré por casualidad con Arthur Fischer,

un profesor recién doctorado en Física Matemática que había estudiado con John Wheeler, el reconocido especialista en relatividad general de Princeton. Fischer observó el documento que estaba imprimiendo (un trabajo que había elaborado durante las vacaciones, cuando el campus estaba casi desierto) y me comentó que cualquier principio que conectara la geometría de un objeto con su estructura general podría tener importantes implicaciones para la física.

Los comentarios inesperados de Fischer despertaron mi curiosidad, aunque los recibí con cierto escepticismo. Su apariencia me recordaba a los hippies, una subcultura prácticamente desconocida para mí durante mi conservadora educación en Hong Kong, lo que me hacía dudar del valor de sus observaciones. Sin embargo, Fischer ofrecía un curso sobre relatividad general ese semestre, y decidí asistir para familiarizarme con la materia. Durante estas clases comprendí que la curvatura no solo es esencial para la geometría que estudiaba, sino también para entender la gravedad. Descubrí, además, que la geometría tiene aplicaciones en la física mucho más amplias que las relacionadas con la relatividad general.

En una de las clases de Fischer, mi mente comenzó a divagar hacia las propiedades de la gravedad en regiones del espaciotiempo sin materia. Esta reflexión me condujo a la conjetura de Calabi, que posteriormente me llevó a colaborar con teóricos de cuerdas y a participar en lo que algunos entusiastas de aquella época consideraban el camino hacia una «teoría del todo». Aunque esta teoría ha conseguido importantes avances tanto en física como en matemáticas, todavía está lejos de ofrecer una explicación completa del universo.

Mi interés por la relatividad general se intensificó durante una conferencia de geometría en Stanford en 1973, donde el físico Robert Geroch animaba a los matemáticos a abordar la conjetura de la masa positiva, un problema que permanecía sin resolver. Fue entonces cuando comprendí que los matemáticos, incluyéndome a mí mismo, podíamos hacer contribuciones significativas a cuestiones fundamentales de la física. El problema planteado por Geroch me acompañó durante años hasta que, tras adquirir los conocimientos necesarios, decidí afrontarlo junto con mi colega Richard Schoen.

Desde entonces, me he sentido atraído por cuestiones que se sitúan en la intersección entre las matemáticas y la física, un campo especialmente estimulante. Los físicos nos presentan conceptos que los matemáticos nunca hubiéramos imaginado. Nosotros podemos reformular estas ideas con rigor formal y demostrar principios permanentes, una tarea que a menudo queda fuera del interés o las capacidades de los físicos.

En el campo de la relatividad general represento tan solo una pieza dentro del extenso grupo de investigadores —físicos, astrónomos, cosmólogos, matemáticos, informáticos e ingenieros espaciales— que han contribuido a expandir este conocimiento durante más de un siglo. La evolución de esta disciplina ha sido extraordinaria incluso durante mi carrera. Cuando comencé a estudiar hace cincuenta años, los agujeros negros se consideraban una especie de fantasía científica, por lo que intentar demostrar matemáticamente su existencia, como hicimos Schoen y yo, era visto como una auténtica excentricidad.

Actualmente, la evidencia sobre los agujeros negros resulta prácticamente irrefutable. Estos objetos, antes relegados a la ciencia ficción, constituyen ahora campos de investigación fundamentales para explorar los límites de la relatividad general y evaluar distintos enfoques de la gravedad cuántica. Existen numerosas cuestiones relacionadas con los agujeros negros donde la contribución matemática es crucial: el teorema de no pelo, la censura cósmica y la estabilidad del agujero negro de Kerr son solo algunos ejemplos significativos.

El trabajo para los matemáticos continúa siendo abundante, y sigo dedicándome a problemas matemáticos vinculados con la relatividad general. Espero mantener esta actividad mientras pueda ser productivo, aunque eventualmente mi papel pueda verse limitado al de asesor y observador. Pero ¡qué espectáculo más fascinante! Me asombra reflexionar sobre el hecho de que la relatividad general me haya cautivado durante medio siglo, además de fascinar a generaciones de científicos durante más de cien años.

El entusiasmo por esta disciplina no ha disminuido; por el contrario, parece crecer con el tiempo. A pesar de que un respetado académico llamara en una ocasión a Einstein «perro vago», su trabajo inició una auténtica revolución científica. Lo emocionante para mí, y seguramente para muchos otros en este campo, es que desconocemos hacia dónde nos conducirá finalmente este esfuerzo colectivo. Prepárense, viajeros de la Tierra: nuestra travesía por el espacio-tiempo promete ser fascinante, imprevisible y, sin duda, llena de sorpresas.

Oda a la geometría

La dádiva del cielo, tan vasta y hermosa.
¿Quién no se maravillaría ante su milagrosa manifestación?

Teorías concebidas por pensadores
    del pasado aún abundan.
Aunque estos sabios se hayan ido, sus métodos
    aún perduran seguros.

Forma y belleza se encuentran en armonía,
    convergiendo de forma perfecta.
Así como mente y sustancia se funden juntas,
    como suele acontecer.

Un nuevo siglo ha amanecido, trayendo nuevas
    esperanzas y sueños.
Convocando nuestra fuerza colectiva, buscamos la verdad
    por todos los medios.

Con telescopios en colinas o en naves orbitales, comprender
    el *big bang* ya no parece descabellado.
Esta búsqueda no es sino una exploración del origen
    de todo cuanto existe y lo que de ello ha emanado.

Manzanas cayendo al suelo y planetas trazando elipses
    alrededor del Sol:
todo se reduce a la unión del espacio-tiempo y sus múltiples
    formas de curvarse.

La serenidad yace a distancia, asintóticamente,
    donde todo es plano y calmo.

En el otro extremo está la violenta, infinita deformación
de voraces agujeros negros.

Estos objetos aparentemente inescrutables, enigmáticos,
envueltos en oscuridad,
revelan sus secretos, con el tiempo, a través del
inquebrantable poder de la geometría.

Perfeccionadas a lo largo de siglos y perdurando por
milenios,
estas herramientas y sus teoremas asociados,
nunca nos han defraudado.

La verdad es elusiva, desafiando a las mejores mentes
que la historia ha dado.
Sin embargo, una simple prueba matemática puede guiarnos,
inexorablemente, hacia lo eterno.

REFERENCIAS BIBLIOGRÁFICAS

PRELUDIO
LAS MÚLTIPLES FORMAS DE SECCIONAR UN CONO

1. G. B. M., «Apollonius of Perga», *Nature* 54 (6 de agosto de 1896), 314-315.
2. ROBBERT DIJKGRAAF, «The Two Forms of Mathematical Beauty», *Quanta* (16 de junio de 2020), https://www.quantamagazine.org/how-is-math-beautiful-20200616/.
3. CHEN NING YANG, «Albert Einstein: Opportunity and Perception», *International Journal of Modern Physics A* 21:15 (2006), 3031-3038.
4. ROBBERT DIJKGRAAF, «Without Albert Einstein, We'd All Be Lost», *Wall Street Journal* (5 de noviembre de 2015).
5. ALBERT EINSTEIN, «The Mechanics of Newton and Their Influence on the Development of Theoretical Physics», en *Ideas and Opinions* (Nueva York: Wing Books, 1954), 253.
6. DAN FALK, «A Debate over the Physics of Time», *Quanta* (19 de julio de 2016), https:// www.quantamagazine.org/a-debate-over-the-physics-of-time-20160719/.

CAPÍTULO 1
OBJETOS QUE CAEN, PARADIGMAS QUE CAMBIAN

1. CHARLES W. MISNER, KIP S. THORNE y JOHN ARCHIBALD WHEELER, *Gravity* (Princeton, NJ: Princeton University Press, 2017), p. 3.

2. R. G. Keesing, «The History of Newton's Apple Tree», *Contemporary Physics* 39:5 (1998), 377-395.

3. Arthur Rosenthal, «The History of Calculus», *American Mathematical Monthly* 58:2 (febrero de 1951), 75-86.

4. Stephen Hawking, *A Brief History of Time* (Nueva York: Bantam Books, 1988), 181.

5. Ofer Gal y Raz Chen-Morris, «The Archaeology of the Inverse Square Law (1)», *History of Science* 43:4 (2005), 391-414.

6. D. T. Whiteside, «Newton's Marvellous Year: 1666 and All That», *Notes and Records of the Royal Society of London* 21:1 (junio de 1966), 32-41.

7. Stephen Hawking, «Newton's *Principia*», en Stephen Hawking y Werner Israel, eds., *Three Hundred Years of Gravitation* (Cambridge, Reino Unido: Cambridge University Press, 1987), 1.

8. Steven Weinberg, «Newtonianism and Today's Physics», en Stephen Hawking y Werner Israel (eds.), *Three Hundred Years of Gravitation* (Cambridge, Reino Unido: Cambridge University Press, 1987), 7.

9. W. David Woods y Frank O'Brien, «Apollo 8: Day 5: The Green Team», *Apollo Flight Journal*, actualizado el 27 de febrero de 2021, https://history.nasa.gov/afj/ap08fj/24day5_green.html.

10. «Original Letter from Isaac Newton to Richard Bentley, Dated 17 January 1692/3», *The Newton Project*, octubre de 2007, http://www.newtonproject.ox.ac.uk/view/texts/normalized/THEM00255.

11. George Smith, «Newton's Philosophiae Naturalis Principia Mathematica», *Stanford Encyclopedia of Philosophy*, 20 de diciembre de 2007, https://plato.stanford.edu/entries/newton-principia/#OveImpWor.

12. Michael Seeds, *The Solar System*, sexta edición (Belmont, California: Thomson/ Brooks Cole, 2008), 94.

13. Steven Weinberg, *Gravitation and Cosmology* (Nueva York: John Wiley & Sons, 1972), 14.

14. David Bodanis, $E = mc^2$: *A Biography of the World's Most Famous Equation* (Nueva York: Berkley Publishing Group, 2005), 5.

15. ALBERT EINSTEIN, «*Über einen die Erzeugung und Verwandlung des Lichtes betreffenden heuristischen Gesichtspunkt*» (Sobre un punto de vista heurístico sobre la creación y conversión de la luz), *Annalen der Physik* 322:6 (1905), 132-148.

16. ALBERT EINSTEIN, «*Über die von der molekularkinetischen Theorie der Wärme geforderte Bewegung von in ruhenden Flüssigkeiten suspendierten Teilchen*» (Investigaciones sobre la teoría del movimiento browniano), *Annalen der Physik* 322:8 (1905), 549-560.

17. ALBERT EINSTEIN, «*Zur Elektrodynamik bewegter Körper*» (Sobre la electrodinámica de los cuerpos en movimiento), *Annalen der Physik* 322:10 (1905), 891-921.

18. ALBERT EINSTEIN, «*Ist die Trägheit eines Körpers von seinem Energieinhalt abhängig?*» (¿Depende la inercia de un cuerpo de su contenido energético?), *Annalen der Physik* 323:13 (1905), 639-641.

19. ALBERT EINSTEIN, *Autobiographical Notes*, Paul Arthur Schilpp (ed.) (Peru, IL: Open Court Publishing Company, 1999), 49-51.

20. ALBERT EINSTEIN, «What Is the Theory of Relativity?» en *Ideas and Opinions* (Nueva York: Wing Books, 1954), 229-230.

21. *Ibid.*

22. *Ibid.*

23. GALILEO GALLILEI, *Dialogue Concerning the Two Chief World Systems,* trad. Stillman Drake (Nueva York: Modern Library, 2001), 216-217.

24. ALBERT EINSTEIN, «How I Created the Theory of Relativity», Yoshimasa A. Ono (trad.), *Physics Today* 35:8 (agosto de 1982), 47.

25. *Ibid.*

26. ANNA M. NOBILI, «Testing the Weak Equivalence Principle with Macroscopic Proof Masses on Ground and in Space: A Brief Review», *International Journal of Modern Physics: Conference Series* 30 (mayo de 2014), 1460254.

27. IVAN T. TODOROV, «Einstein and Hilbert: The Creation of General Relativity» (25 de abril de 2005), arXiv:physics/0504179v1.

28. JOHN GRIBBIN, *Einstein's Masterwork: 1915 and the General Theory of Relativity* (Nueva York: Pegasus Books, 2016), 16.

29. VESSELIN PETKOV (ed.), *Space and Time: Minkowski's Papers on Relativity* (Montreal: Minkowski Institute Press, 2012), 55 y 111.

30. ANTHONY ZEE, *Einstein Gravity in a Nutshell* (Princeton, NJ: Princeton University Press, 2013), 175.

31. RICHARD GARFINKLE y DAVID GARFINKLE, *X Marks the Spot* (Boca Raton, FL: CRC Press, 2021).

32. MU-TAO WANG (Universidad de Columbia), entrevista con el autor, 5 de mayo de 2019.

33. PETER GALISON, «Minkowski's Space-Time: From Visual Thinking to the Absolute World», *Historical Studies in the Physical Sciences* 10 (1979), 95.

34. ABRAHAM PAIS, *Subtle Is the Lord: The Science and the Life of Albert Einstein* (Nueva York: Oxford University Press, 2008), 152.

35. PETKOV, *Space and Time*, 2.

36. MATSATSUGU SEI SUZUKI, «Minkowski Space-Time Diagram in the Special Relativity», Apuntes de clase de Física Moderna, Departamento de Física, SUNY en Binghamton, 13 de enero de 2012.

37. C. LANCZOS, «Einstein's Path from Special to General Relativity», en L. O'Raifeartaigh (ed.), *General Relativity: Papers in Honor of J. L. Synge* (Nueva York: Oxford University Press, 1972), 5-19.

38. JÜRGEN RENN y HANOCH GUTFREUND, *Einstein on Einstein* (Princeton, NJ: Princeton University Press, 2020), 84.

39. ALBERT EINSTEIN, «Minkowski's Four-Dimensional Space», Robert W. Lawson (trad.), en *Relativity: The Special and the General Theory* (Nueva York: Crown, 1961); reimpreso en Ann M. Hentschel (trad.), *The Collected Papers of Albert Einstein*, vol. 6, *The Berlin Years: Writings, 1914-1917*, suplemento de traducción al inglés (Princeton, NJ: Princeton University Press, 1997), 306-308.

40. LEO CORRY, «Einstein Meets Hilbert on the Way to General Relativity», presentado en Harvard Black Hole Initiative, 12 de octubre de 2020.

41. LEO CORRY (Universidad de Tel Aviv), correo electrónico al autor, 21 de mayo de 2021.

42. ANTHONY ZEE, *On Gravity: A Brief Tour of a Weighty Subject* (Princeton, NJ: Princeton University Press, 2018), 62.

43. EINSTEIN, «What Is the Theory of Relativity?», 231.

44. JUDITH R. GOODSTEIN, *Einstein's Italian Mathematicians: Ricci, Levi-Civita, y el nacimiento de la relatividad general* (Providence, RI: American Mathematical Society, 2018), 90.

45. MICHEL JANSSEN y JÜRGEN RENN, «Einstein Was No Lone Genius», *Nature* 527 (19 de noviembre de 2015), 298.

CAPÍTULO 2

EN BUSCA DE UN CAMINO GENERAL

1. BERNHARD RIEMANN, *On the Hypotheses Which Lie at the Bases of Geometry*, ed. Jürgen Jost (Suiza: Birkhauser, 2016), v.

2. GERRIT VAN DIJK y MASATO WAKAYAMA (eds.), *Casimir Force, Casimir Operators and the Riemann Hypothesis: Mathematics for Innovation in Industry and Science* (Berlín: De Gruyter, 2010), v.

3. RIEMANN, *On the Hypotheses Which Lie*, v.

4. STEVEN WEINBERG, *Gravitation and Cosmology* (Nueva York: John Wiley & Sons, 1972), 5.

5. RUTH FARWELL y CHRISTOPHER KNEE, «The Missing Link: Riemann's 'Commentatio', Differential Geometry and Tensor Analysis», *Historia Mathematica* 17 (1990), 224.

6. BERNHARD RIEMANN, *Bernhard Riemann, Collected Papers*, R. Baker, C. Cristenson y H. Order (trads.) (Heber City, UT: Kendrick Press, 2004), 257-270.

7. MARCIA BARTUSIAK, *Einstein's Unfinished Symphony: Listening to the Sounds of Space-Time* (New Haven, CT: Yale University Press, 2017), 24-25.

8. ALBERT EINSTEIN, «How I Created the Theory of Relativity», trad. Yoshimasa A. Ono, *Physics Today* 35:8 (agosto de 1982), 47.

9. JAMES OVERDUIN, «The Experimental Verdict on Spacetime from Gravity Probe B», en Vesselin Petkov (ed.), *Space, Time, and Space-*

time: Physical and Philosophical Implications of Minkowski's Unification of Space and Time (Berlín: Springer, 2010), 31.

10. ABRAHAM PAIS, *Subtle Is the Lord: The Science and the Life of Albert Einstein* (Nueva York: Oxford University Press, 2008), 213.

11. *Ibid.*, 210.

12. DAVID E. ROWE, «Book Review: Einstein's Italian Mathematicians: Ricci, Levi-Civita, and the Birth of General Relativity», *Notices of the American Mathematical Society* 166 (octubre de 2019), 1478.

13. E. B. CHRISTOFFEL, «Ueber die Transformation der homogenen Differentialausdrücke zweiten Grades», *Journal für die Reine und Angewandte Mathematik* 70 (1869), 46-70.

14. GALINA WEINSTEIN, «Genesis of General Relativity» (16 de abril de 2012), arXiv:1204.3386.

15. LEWIS PYENSON, «Einstein's Education: Mathematics and the Laws of Nature», *Isis* 71:3 (septiembre de 1980), 419.

16. ROWE, «Einstein's Italian Mathematicians», 1481.

17. ALBERT EINSTEIN, «Esbozo de una teoría generalizada de la relatividad y de una teoría de la gravitación (I. Parte física)», *Zeitschrift für Mathematik und Physik* 62 (1914), 225-261.

18. *Ibid.*

19. MICHEL JANSSEN y JÜRGEN RENN, «Arch and Scaffold: How Einstein Found His Field Equations», *Physics Today* 68:11 (noviembre de 2015), 34.

20. ALBERT EINSTEIN, «Notes on the Origin of the General Theory of Relativity», en *Ideas and Opinions* (Nueva York: Wing Books, 1954), 289.

21. JOHN NORTON, «How Einstein Found His Field Equations: 1912–1915», *Historical Studies in the Physical Sciences* 14:2 (1984), 253.

22. JOHN EARMAN y CLARK GLYMOUR, «Lost in the Tensors: Einstein's Struggles with Covariance Principles 1912–1916», *Studies in History and Philosophy of Science* 9:4 (1978), 260.

23. ALBERT EINSTEIN y MARCEL GROSSMANN, «Covariance Properties of the Field Equations of the Theory of Gravitation Based on the

General Theory of Relativity», *Zeitschrift für Mathematik und Physik* 63 (1914), 215-225.

CAPÍTULO 3
LA OBRA MAESTRA

1. ANN M. HENTSCHEL (trad.), *The Collected Papers of Albert Einstein*, vol. 8, *The Berlin Years: Correspondence, 1914-1918*, suplemento de traducción al inglés (Princeton, NJ: Princeton University Press, 1997), Documento 60, 71.

2. GALINA WEINSTEIN, «Einstein the Stubborn: Correspondence Between Einstein and Levi-Civita» (31 de enero de 2012), arXiv:1202:4305.

3. DAVID E. ROWE, «Book Review: Einstein's Italian Mathematicians: Ricci, Levi-Civita, and the Birth of General Relativity», *Notices of the American Mathematical Society* 166 (octubre de 2019), 1481.

4. FRANCESCO DELL'ISOLA, EMILIO BARCHIESI y LUCA PLACIDI, «Levi-Civita, Tullio», en H. Altenbach y A. Öchsner (eds.), *Encyclopedia of Continuum Mechanics* (Berlín: Springer, 2019), 1-11.

5. ABRAHAM PAIS, *Subtle Is the Lord: The Science and the Life of Albert Einstein* (Nueva York: Oxford University Press, 2008), 259.

6. IVAN T. TODOROV, «Einstein and Hilbert: The Creation of General Relativity» (25 de abril de 2005), arXiv:physics/0504179.

7. JÜRGEN RENN y MATTHIAS SCHEMMEL (eds.), *The Genesis of General Relativity*, vol. 4, *Gravitation in the Twilight of Classical Physics: The Promise of Mathematics* (Dordrecht: Springer, 2007), 1003.

8. CONSTANCE REID, *Hilbert-Courant* (Nueva York: Springer-Verlag, 1986), 127.

9. LEO CORRY, «The Influence of David Hilbert and Hermann Minkowski on Einstein's Views over the Interrelation Between Physics and Mathematics», *Endeavor* 22:3 (1998), 95-97.

10. PAIS, *Subtle Is the Lord*, 259.

11. TODOROV, «Einstein and Hilbert».

12. ALBERT EINSTEIN, «Explanation of the Perihelion Motion of Mercury from the General Theory of Relativity», *Sitzungsberichte der Königlich Preußischen Akademie der Wissenschaften zu Berlin* (presentado el 18 de noviembre de 1915), 831-839.

13. DEREK RAINE, «Review: Mercury's Perihelion from Le Verrier to Einstein», *British Journal for the Philosophy of Science*, 35:2 (junio de 1984), 188.

14. JÜRGEN RENN y JOHN STACHEL, «Hilbert's Foundation of Physics: From a Theory of Everything to a Constituent of General Relativity», Instituto Max Planck para la Historia de la Ciencia Preprint 118, 1999.

15. RENN y SCHEMMEL, *The Genesis of General Relativity*, vol. 4, 1015.

16. LEO CORRY, JÜRGEN RENN y JOHN STACHEL, «Belated Decision in the Hilbert-Einstein Priority Dispute», *Science* 278 (14 de noviembre de 1997), 1270-1273.

17. MARTIN HARWIT, *In Search of the True Universe: The Tools, Shaping, and Cost of Cosmological Thought* (Nueva York: Cambridge University Press, 2013), 35.

18. KIP THORNE, *Black Holes and Time Warps: Einstein's Outrageous Legacy* (Nueva York: W. W. Norton, 1994), 117-119.

19. JOHN EARMAN y CLARK GLYMOUR, «Einstein and Hilbert: Two Months in the History of General Relativity», *Archive for History of Exact Sciences* 19:3 (1978), 307.

20. JOHN NORTON, «How Einstein Found His Field Equations», *Historical Studies in the Physical Sciences* 14:2 (1984), 263.

21. DIETER EBNER, «How Hilbert Has Found the Einstein Equations Before Einstein and Forgeries of Hilbert's Page Proofs», arXiv:physics/0610154, 19 de octubre de 2006.

22. PAIS, *Subtle Is the Lord*, 275-276.

23. *Ibid.*

24. FABIO TOSCANO, «Luigi Bianchi, Gregorio Ricci Curbastro e la scoperta delle identità di Bianchi», en *Atti Del XX Congresso Nazionale Di Storia Della Fisica E Dell'astronomia* (Actas del XX Con-

greso Nacional de Historia de la Física y la Astronomía) (Nápoles: CUEN, 2001), 353-370.

25. JÜRGEN NEFFE, *Einstein: A Biography* (Nueva York: Farrar, Straus and Giroux, 2007), 206.

26. ALBERT EINSTEIN, «Notes on the Origin of the General Theory of Relativity», en *Ideas and Opinions* (Nueva York: Wing Books, 1954), 289.

27. TILMAN SAUER, «Marcel Grossmann and His Contribution to the General Theory of Relativity», en Robert T. Jantzen y Kjell Rosquist, eds., *Proceedings of the Thirteenth Marcel Grossmann Meeting on General Relativity* (Singapur: World Scientific, 2015), 487.

28. TILMAN SAUER, «Marcel Grossmann and His Contributions to the General Theory of Relativity», arXiv:1312.4068, 22 de abril de 2014, 32, 35-36.

29. ALBERTO ROJO y ANTHONY BLOCK, *The Principle of Least Action: History and Physics* (Cambridge, Reino Unido: Cambridge University Press, 2018), 7.

30. CUMRUN VAFA, *Puzzles to Unravel the Universe* (Middleton, DE: autoeditado, 2020), 23-24.

31. DAVID GARFINKLE (Universidad de Oakland), entrevista con el autor, 8 de junio de 2021.

32. KATHERINE BRADING, «How It All Began: The Puzzle That Led to Noether's Theorems», presentado en la Universidad de Boston, 19 de octubre de 2018.

33. YVETTE KOSMANN-SCHWARZBACH, *The Noether Theorems* (Nueva York: SpringerVerlag, 2011), 45-46.

34. EMMY NOETHER, «Invariant Variational Problems», Nachrichten der Königlichen Gesellschaft der Wissenschaften zu Göttingen, Mathematisch-Physikalische Klasse (1918), 235-257.

35. Esta analogía fue sugerida por el físico Burkhard Schwab en un correo electrónico enviado al autor el 15 de junio de 2021.

36. CHRIS QUIGG, «Colloquium: A Century of Noether's Theorem», informe técnico FERMILAB-PUB-19-059-T (9 de julio de 2019) arXiv:1902.01989.

37. RUTH GREGORY, «Celebrating the Life and Legacy of Emmy Noether», presentado en el Instituto Perimeter de Física Teórica, 22 de junio de 2015.

38. DAVID E. ROWE, «Emmy Noether on Energy Conservation in General Relativity» (4 de diciembre de 2019) arXiv:1912.03269.

39. ALBERT EINSTEIN, «Hamilton's Principle and the General Theory of Relativity», en Ann M. Hentschel (trad.), *The Collected Papers of Albert Einstein*, vol. 6, *The Berlin Years: Writings, 1914-1917* (Princeton, NJ: Princeton University Press, 1997), 240.

40. HANOCH GUTFREUND, «Relatively Speaking—Einstein and Black Holes», presentado en Harvard Black Hole Initiative, 11 de septiembre de 2019.

CAPÍTULO 4
UNA SOLUCIÓN SINGULAR

1. BRANDON CARTER, «Half Century of Black Hole Theory: From Physicists' Purgatory to Mathematicians' Paradise» (16 de abril de 2006), arXiv:gr-qc/0604064.

2. AREEBA MERRIAM, «Karl Schwarzschild's Letter to Albert Einstein», *Cantor's Paradise* (5 de diciembre de 2021), https://www.cantorsparadise.com/karl-schwarzschilds-letter-to-albert-einstein-6661734dd3e.

3. KARL SCHWARZSCHILD, «De Karl Schwarzschild», en Ann M. Hentschel (trad.), *The Collected Papers of Albert Einstein*, vol. 8, *The Berlin Years: Correspondence, 1914-1918* (Princeton, NJ: Princeton University Press, 1997), 163-165.

4. *Ibid.*

5. ALBERT EINSTEIN, «A Karl Schwarzschild», en Ann M. Hentschel (trad.), *The Collected Papers of Albert Einstein*, vol. 8, *The Berlin Years: Correspondence, 1914-1918* (Princeton, NJ: Princeton University Press, 1997), 175-177.

6. GALINA WEINSTEIN, «Einstein, Schwarzschild, the Perihelion Motion of Mercury and the Rotating Disk Story», arXiv:1411.7370, 26 de noviembre de 2014.

7. K. SCHWARZSCHILD, «On the Gravitational Field of a Sphere of Incompressible Fluid According to Einstein's Theory», S. Antoci (trad.) (16 de diciembre de 1999), arXiv:physics/9912033. (Publicado originalmente en *Sitzungsberichte der Königlich Preußischen Akademie der Wissenschaften zu Berlin [Math. Phys.]*, 1916, 424-434).

8. DENNIS OVERBYE, «A Century Ago, Einstein's Theory of Relativity Changed Everything», *New York Times* (24 de noviembre de 2015).

9. ARTHUR EDDINGTON, «Relativistic Degeneracy», *The Observatory* 58:729 (1935), 37-39.

10. MARCIA BARTUSIAK, *Black Hole: How an Idea Abandoned by Newtonians, Hated by Einstein, and Gambled on by Hawking Became Loved* (New Haven, CT: Yale University Press, 2015), 41.

11. DEMETRIOS CHRISTODOULOU, «The Formation of Black Holes in General Relativity» (18 de mayo de 2008), arXiv:0806.3880.

12. J. R. OPPENHEIMER Y H. SNYDER, «On Continued Gravitational Contraction», *Physical Review* 56:5 (1 de septiembre de 1939), 455-459.

13. CHRISTODOULOU, «The Formation of Black Holes in General Relativity», 5-6.

14. ALBERT EINSTEIN, «On a Stationary System with Spherical Symmetry Consisting of Many Gravitating Masses», *Annals of Mathematics* 40 (octubre de 1939), 922-936.

15. PETROS S. FLORIDES, «John Lighton Synge», *Biographical Memoirs of Fellows of the Royal Society* 54 (2018), 401-424.

16. *Ibid.*

17. FULVIO MELIA, *Cracking the Einstein Code: Relativity and the Birth of Black Hole Physics* (Chicago: University of Chicago Press, 2009), 52-53.

18. *Ibid.*, 70.

19. ROY KERR, «Afterword», en Melia, *Cracking the Einstein Code*, 126-127.

20. ROY P. KERR, «Gravitational Field of a Spinning Mass as an Example of Algebraically Special Metrics», *Physical Review Letters* 11:5 (1963), 237-238.

21. MELIA, *Cracking the Einstein Code*, 1.

22. KIP THORNE, *Black Holes and Time Warps: Einstein's Outrageous Legacy* (Nueva York: W. W. Norton, 1994), 290.

23. S. CHANDRASEKHAR, «Shakespeare, Newton and Beethoven or Patterns of Creativity», *Current Science* 70 (mayo de 1996), 810-822.

24. FLORIDES, «John Lighton Synge».

25. MELIA, *Cracking the Code*, 89.

26. WERNER ISRAEL, «Dark Stars: The Evolution of an Idea», en Stephen Hawking y Werner Israel (eds.), *Three Hundred Years of Gravitation* (Cambridge, Reino Unido: Cambridge University Press, 1987), 253.

27. ROGER PENROSE, «Gravitational Collapse and Space-Time Singularities», *Physical Review Letters* 14 (18 de enero de 1965), 57-59.

28. STEPHEN HAWKING, *A Brief History of Time* (Nueva York: Bantam Books, 1988), 49.

29. RICHARD SCHOEN (Universidad de Stanford), entrevista con el autor, 31 de enero de 2008.

30. THORNE, *Agujeros negros y distorsiones del tiempo*, 463.

31. MICHAEL BROOKS, «Cosmic Thoughts», *New Scientist* 256 (19 de noviembre de 2022), 46-49.

32. ANN EWING, «Black Holes' in Space», *Science News Letter*, 18 de enero de 1964, 39. (El término *agujeros negros* se utilizó en la reunión anual de diciembre de 1963 de la Asociación Americana para el Avance de la Ciencia en Cleveland).

33. RICHARD SCHOEN y S.-T. YAU, «The Existence of a Black Hole Due to Condensation of Matter», *Communications in Mathematical Physics* 90 (1983), 575-579.

34. S. W. HAWKING, «Black Holes in General Relativity», *Communications in Mathematical Physics* 25 (1972), 152-166.

35. GARY T. HOROWITZ, «Higher Dimensional Generalizations of the Kerr Black Hole» (18 de julio de 2005), arXiv:gr-qc/0507080.

36. Roberto Emparan y Harvey S. Reall, «A Rotating Black Ring Solution in Five Dimensions», *Physical Review Letters* 88:10-11 (marzo de 2002), 101101.

37. Gregory J. Galloway y Richard Schoen, «A Generalization of Hawking's Black Hole Topology Theorem to Higher Dimensions», *Communications in Mathematical Physics* 266 (2006), 571-576.

38. Roger Penrose, «Gravitational Collapse: The Role of General Relativity», *Rivista del Nuovo Cimento* 1 (1969), 252-277.

39. Stephen W. Hawking, *The Theory of Everything* (Beverly Hills: Phoenix Books, 2005), 46.

40. Kevin Hartnett, «Mathematicians Disprove Conjecture Made to Save Black Holes», *Quanta* (17 de mayo de 2018), https://www.quantamagazine.org/mathematicians-disprove-conjecture-made-to-save-black-holes-20180517/.

41. *Ibid.*

42. Jérémie Szeftel (Universidad de la Sorbona), entrevista con el autor, 25 de junio de 2021.

43. Sergiu Klainerman (Universidad de Princeton), correo electrónico al autor, 1 de junio de 2022.

44. Thibault Damour (IHÉS), correo electrónico al autor, 3 de junio de 2022.

45. Elena Giorgi, Sergiu Klainerman y Jérémie Szeftel, «Wave Equations Estimates and the Nonlinear Stability of Slowly Rotating Kerr Black Holes» (31 de mayo de 2022), arXiv:2205.14808.

46. Elena Giorgi (Universidad de Columbia), entrevista con el autor, 24 de junio de 2022.

47. Robert Bartnik y John McKinnon, «Particlelike Solutions of the Einstein-Yang-Mills Equations», *Physical Review Letters* 61:2 (1988), 141-144.

48. Felix Finster (Universidad de Ratisbona), entrevista con el autor, 12 de septiembre de 2022.

49. Yuewen Chen, Jie Du y Shing-Tung Yau, «Stable Black Hole with Yang-Mills Hair» (6 de octubre de 2022), arXiv:2210.03046.

50. REAL ACADEMIA DE LAS CIENCIAS DE SUECIA, «Premio Nobel de Física 2020», comunicado de prensa, 6 de octubre de 2020, https://www.nobelprize.org/prizes/physics/2020/press-release/.

51. BROOKS, «Cosmic Thoughts».

52. LEE BILLINGS, «Black Hole Scientists Win Nobel Prize in Physics», *Scientific American* (6 de octubre de 2020), https://www.scientificamerican.com/article/black-hole-scientists-win-nobel-prize-in-physics1/.

53. STEPHEN HAWKING, «Foreword», en Thorne, *Black Holes and Time Warps*, 12.

CAPÍTULO 5
TRAS LA ONDA GRAVITACIONAL

1. ALBERT EINSTEIN, «Approximate Integration of the Field Equations of Gravitation», en Ann M. Hentschel (trad.), *The Collected Papers of Albert Einstein*, vol. 6, *The Berlin Years: Writings, 1914-1917* (Princeton, NJ: Princeton University Press, 1997), 201-210. (Publicado originalmente el 22 de junio de 1916).

2. ABRAHAM PAIS, *Subtle Is the Lord: The Science and the Life of Albert Einstein* (Nueva York: Oxford University Press, 2008), 22, 279.

3. ALBERT EINSTEIN, «To Karl Schwarzschild», en Ann M. Hentschel, trad., *The Collected Papers of Albert Einstein*, vol. 8, *The Berlin Years: Correspondence, 1914-1918* (Princeton, NJ: Princeton University Press, 1997), 196.

4. ALBERT EINSTEIN, «Approximate Integration of the Field Equations of Gravitation», *Sitzungsberichte der Königlich Preußischen Akademie der Wissenschaften* (1916), 688-696.

5. ALBERT EINSTEIN, «Sobre las ondas gravitacionales», *Sitzungsberichte der Königlich Preußischen Akademie der Wissenschaften* (1918), 154-167.

6. Daniel Kennefick, «Controversies in the History of the Radiation Reaction Problem in General Relativity» (1 de abril de 1997), arXiv:gr-qc/9704002.

7. Jorge L. Cervantes-Cota, Salvador Galindo-Uribarri y George F. Smoot, «A Brief History of Gravitational Waves» (26 de septiembre de 2016), arXiv:1609.09400.

8. Whitney Clavin, «When Black Holes Collide», *Caltech News* (24 de enero de 2019), https://www.caltech.edu/about/news/when-black-holes-collide-85110.

9. J. Hadamard, «*Sur les problèmes aux dérivées partielles et leur signification physique*», *Princeton University Bulletin* 13 (abril de 1902), 49-52.

10. Lydia Bieri, «Book Review: A Lady Mathematician in This Strange Universe: Memoirs», *Notices of the American Mathematical Society* 67:3 (marzo de 2020), 387.

11. Lydia Bieri (Universidad de Míchigan), entrevista con el autor, 23 de febrero de 2019.

12. Y. Choquet-Bruhat, «*Théorème d'existence pour certains systèmes d'équations aux dérivées partielles non linéaires*», *Acta Mathematica* 88:1 (1952), 141-225.

13. Bieri, «Book Review: A Lady Mathematician», 386.

14. Lydia Bieri, entrevista con el autor, 23 de febrero de 2019.

15. Daniel Holz, «La difícil infancia de las ondas gravitacionales», *Discover*, 25 de abril de 2007.

16. Frans Pretorius (Universidad de Princeton), entrevista con el autor, 8 de septiembre de 2021.

17. Bieri, «Book Review: A Lady Mathematician».

18. Martin Lesourd (Iniciativa de Agujeros Negros de Harvard), entrevista con el autor, 13 de diciembre de 2019.

19. Yvonne Choquet-Bruhat y Robert Geroch, «Global Aspects of the Cauchy Problem in General Relativity», *Communications in Mathematical Physics* 14 (1969), 329-335.

20. Demetrios Christodoulou y Sergiu Klainerman, *The Global Nonlinear Stability of the Minkowski Space (PMS–41)* (Princeton, NJ: Princeton University Press, 1993).

21. Mihalis Dafermos (Universidad de Princeton), correo electrónico al autor, 6 de abril de 2020.

22. *Ibid.*

23. DEMETRIOS CHRISTODOULOU, «Nonlinear Nature of Gravitation and GravitationalWave Experiments», *Physical Review Letters* 67:12 (1991), 1486-1489.

24. LYDIA BIERI, PO-NING CHEN y SHING-TUNG YAU, «The Electromagnetic Christodoulou Memory Effect and Its Application to Neutron Star Binary Mergers» (3 de octubre de 2011), arXiv:1110.0410.

25. PAUL D. LASKY, ERIC THRANE, YURI LEVIN, JONATHAN BLACKMAN y YANBEI CHEN, «Detecting Gravitational-Wave Memory with LIGO: Implications of GW150914», *Physical Review Letters* 117 (5 de agosto de 2016), 061102.

26. MIHALIS DAFERMOS, correo electrónico al autor, 6 de abril de 2020.

27. REAL ACADEMIA DE LAS CIENCIAS DE SUECIA, «Premio Nobel de Física 1993», comunicado de prensa, 13 de octubre de 1993, https://www.nobelprize.org/prizes/physics/1993/press-release/.

28. FRANS PRETORIUS, entrevista con el autor, 8 de septiembre de 2021.

29. DAVIDE CASTELVECCHI, «What 50 Gravitational-Wave Events Reveal About the Universe», *Nature* (30 de octubre de 2020), https://www.nature.com/articles/d41586, 020-03047-0.

CAPÍTULO 6
UNA ECUACIÓN PARA TODO EL UNIVERSO

1. TIM FOLGER, «Einstein's Grand Quest for a Unified Theory», *Discover* (29 de septiembre de 2004), https://www.discovermagazine.com/the-sciences/einsteins-grand-quest-for-a-unified-theory.

2. ALBERT EINSTEIN, «To Paul Ehrenfest», en Ann M. Hentschel, (trad.), *The Collected Papers of Albert Einstein*, vol. 8, *The Berlin Years: Correspondence, 1914-1918* (Princeton, NJ: Princeton University Press, 1997), 282.

3. ALBERT EINSTEIN, «To Willem de Sitter», en Ann M. Hentschel (trad.), *The Collected Papers of Albert Einstein*, vol. 8, *The Berlin Years: Correspondence, 1914-1918* (Princeton, NJ: Princeton University Press, 1997), 301-302.

4. ALBERT EINSTEIN, «Cosmological Considerations in the General Theory of Relativity», en Ann M. Hentschel (trad.), *The Collected Papers of Albert Einstein*, vol. 6, *The Berlin Years: Writings, 1914-1917* (Princeton, NJ: Princeton University Press, 1997), 421-432.

5. ALBERT EINSTEIN, *Relativity: The Special and the General Theory* (Princeton, NJ: Princeton University Press, 2015), 153.

6. ARTHUR EDDINGTON, *The Expanding Universe*, edición revisada (Cambridge, Reino Unido: Cambridge University Press, 1988), 21. (Publicado originalmente en 1933).

7. EINSTEIN, *Relativity*, 153.

8. DONALD GOLDSMITH, *Einstein's Greatest Blunder? The Cosmological Constant and Other Fudge Factors in the Physics of the Universe* (Cambridge, MA: Harvard University Press, 1997).

9. CORMAC O'RAIFEARTAIGH y SIMON MITTON, «Interrogating the Legend of Einstein's 'Biggest Blunder'» (27 de febrero de 2019), arXiv:1804.06768.

10. ROBBERT DIJKGRAAF, «Without Einstein, We'd All Be Lost», *Wall Street Journal* (5 de noviembre de 2015).

11. EINSTEIN, «To Willem de Sitter», 308-309.

12. O'RAIFEARTAIGH y MITTON, «Interrogating the Legend of Einstein's 'Biggest Blunder'».

13. ABRAHAM PAIS, *Subtle Is the Lord: The Science and the Life of Albert Einstein* (Nueva York: Oxford University Press, 2008), 288.

14. A. S. EDDINGTON, *The Mathematical Theory of Relativity* (Cambridge, Reino Unido: Cambridge University Press, 1923), 272-273.

15. EDDINGTON, *The Expanding Universe*, 46.

16. ALEXANDER FRIEDMANN, «On the Curvature of Space», *Zeitschrift für Physik* 10 (1922), 377-386.

17. STEPHEN HAWKING, *A Brief History of Time* (New York: Bantam Books,1988), 40

18. LISA RANDALL, «Energy in Einstein's Universe», en Peter L. Galison, Gerald Holton y Silvan S. Schweber (eds.), *Einstein for the 21st Century: His Legacy in Science, Art, and Modern Culture* (Princeton, NJ: Princeton University Press, 2008), 305.

19. Harry Nussbaumer y Lydia Bieri, *Discovering the Expanding Universe* (Cambridge, Reino Unido: Cambridge University Press, 2009), 90.

20. J. J. O'Connor y E. F. Robertson, «Aleksandr Aleksandrovich Friedmann», *MacTutor* (diciembre de 1997), https://mathshistory.st-andrews.ac.uk/Biographies/Friedmann/.

21. Martin Harwit, *In Search of the True Universe: The Tools, Shaping, and Cost of Cosmological Thought* (Cambridge, Reino Unido: Cambridge University Press, 2013), 42.

22. Tom Siegfried, «Einstein's Genius Changed Science's Perception of Gravity», *Science News* (4 de octubre de 2015), https://www.sciencenews.org/article/einsteins-genius-changed-sciences-perception-gravity.

23. Abhay Ashtekar, «Geometry and Physics of Null Infinity», en Lydia Bieri y Shing-Tung Yau (eds.), *One Hundred Years of General Relativity: A Jubilee Volume on General Relativity and Mathematics*, Surveys in Differential Geometry XX (Boston: International Press, 2015), 99.

24. Jean-Pierre Luminet, «Lemaître's Big Bang» (28 de marzo de 2015), arXiv:1503.08304.

25. Hawking, *A Brief History of Time*, 49-50.

26. S. W. Hawking y R. Penrose, «The Singularities of Gravitational Collapse and Cosmology», *Proceedings of the Royal Society A* 314 (1970), 529-548.

Capítulo 7
La materia de la masa (y la masa de la materia)

1. R. Penrose, R. D. Sorkin y E. Woolgar, «A Positive Mass Theorem Based on the Focusing and Retardation of Null Geodesics» (15 de enero de 1993), arXiv:gr-qc/9301015.

2. Richard Schoen y Shing-Tung Yau, «On the Proof of the Positive Mass Conjecture in General Relativity», *Communications in Mathematical Physics* 65:1 (1979), 45-76.

3. RICHARD SCHOEN y SHING-TUNG YAU, «Proof of the Positive Mass Theorem. II», *Communications in Mathematical Physics* 79 (1981), 231-260.

4. HUBERT L. BRAY, «Proof of the Riemannian Penrose Conjecture Using the Positive Mass Theorem» (23 de noviembre de 1999), arXiv:math/9911173.

5. EDWARD WITTEN, «A New Proof of the Positive Energy Theorem», *Communications in Mathematical Physics* 80:3 (1981), 381-402.

6. RICHARD SCHOEN y SHING-TUNG YAU, «Proof That the Bondi Mass Is Positive», *Physical Review Letters* 48:6 (8 de febrero de 1982), 369-371.

7. RICHARD SCHOEN y SHING-TUNG YAU, «Positive Scalar Curvature and Minimal Hypersurface Singularities» (18 de abril de 2017), arXiv:1704.05490.

8. R. PENROSE, «Some Unsolved Problems in Classical General Relativity», en Shing-Tung Yau (ed.), *Seminar on Differential Geometry* (Princeton, NJ: Princeton University Press, 1982), 631-668.

9. *Ibid.*, 631.

10. *Ibid.*, 635.

11. STEPHEN HAWKING, «Gravitational Radiation in an Expanding Universe», *Journal of Mathematical Physics* 9 (1968), 598-604.

12. ROBERT BARTNIK, «New Definition of Quasilocal Mass», *Physical Review Letters* 62 (1989), 2346-2348.

13. MU-TAO WANG (Universidad de Columbia), entrevista con el autor, 26 de junio de 2022.

14. LAN-HSUAN HUANG (Universidad de Connecticut), conversación con el autor, 29 de abril de 2022.

15. MU-TAO WANG, entrevista con el autor, 15 de enero de 2022.

16. J. DAVID BROWN y JAMES W. YORK, JR., «Quasilocal Energy in General Relativity», *Contemporary Mathematics* 132 (1992), 129-142.

17. MU-TAO WANG, correo electrónico al autor, 18 de febrero de 2022.

18. YUGUANG SHI y LUEN-FAI TAM, «Positive Mass Theorem and the Boundary Behaviors of Compact Manifolds with Nonnegative Scalar Curvature», *Journal of Differential Geometry* 62 (2002), 79-125.

19. Mu-Tao Wang y Shing-Tung Yau, «Quasilocal Mass in General Relativity» (8 de abril de 2008), arXiv:0804.1174.

20. *Ibid.*

21. Mu-Tao Wang, entrevista con el autor, 17 de marzo de 2020.

22. Po-Ning Chen, Mu-Tao Wang y Shing-Tung Yau, «Conserved Quantities in General Relativity: From the Quasi-Local Level to Spatial Infinity», *Communications in Mathematical Physics* 338 (2015), 31-80.

23. Po-Ning Chen, Mu-Tao Wang, Ye-Kai Wang y Shing-Tung Yau, «Conserved Quantities in General Relativity—The View from Null Infinity» (8 de abril de 2022), arxiv: 2204.04010.

24. Esta analogía fue sugerida por David Garfinkle durante una conversación con el autor el 26 de enero de 2022.

25. Abhay Ashtekar (Universidad Estatal de Pensilvania), entrevista con el autor, 26 de enero de 2022.

26. Penrose, «Some Unsolved Problems in Classical General Relativity».

27. Mu-Tao Wang, entrevista con el autor, 21 de enero de 2022.

28. Demetrios Christodoulou, «Report on the Paper: Supertranslation Invariance of Angular Momentum», enviado por correo electrónico a los autores el 6 de noviembre de 2021.

29. Lydia Bieri (Universidad de Míchigan), correo electrónico al autor, 3 de diciembre de 2021.

30. Vijay Varma (Instituto Albert Einstein), entrevista con el autor, 27 de junio de 2022.

31. Lydia Bieri, correo electrónico al autor, 3 de diciembre de 2021.

Capítulo 8

La búsqueda de la unificación

1. Albert Einstein, «Fundamental Ideas and Problems of the Theory of Relativity», presentado en la Nordic Assembly of Naturalists, Gotemburgo, 11 de julio de 1923. (Disponible en https://www.nobelprize.org/uploads/2018/06/einstein-lecture.pdf.)

2. WALTER ISAACSON, *Einstein: His Life and Universe* (Nueva York: Simon & Schuster, 2007), 337.

3. DAVID GROSS, «Einstein and the Quest for a Unified Theory», en Peter L. Galison, Gerald Holton y Silvan S. Schweber (eds.), *Einstein for the 21st Century: His Legacy in Science, Art, and Modern Culture* (Princeton, NJ: Princeton University Press, 2008), 287.

4. «Einstein's Quest for a Unified Theory», *APS News* 14:11 (diciembre de 2005), https://www.aps.org/publications/apsnews/200512/history.cfm.

5. ABRAHAM PAIS, *Subtle Is the Lord: The Science and the Life of Albert Einstein* (Nueva York: Oxford University Press, 2008), 350.

6. *Ibid.*

7. GROSS, «Einstein and the Quest for a Unified Theory», 287, 298.

8. ALBERT EINSTEIN, *The Albert Einstein Collection*, vol. 2, *Essays in Science, Letters to Solovine, and Letters on Wave Mechanics* (Philosophical Library/Open Road, 2019).

9. PAIS, *Subtle Is the Lord*, 325.

10. EINSTEIN, *The Albert Einstein Collection*, vol. 2.

11. ALBERT EINSTEIN, «On the Method of Theoretical Physics», *Philosophy of Science* 1:2 (abril de 1934), 167.

12. JÜRGEN NEFFE, *Einstein: A Biography* (Nueva York: Farrar, Straus and Giroux, 2007), 356.

13. HERMANN WEYL, «Gravitation and Electricity», *Sitzungsberichte der Königlich Preußischen Akademie der Wissenschaften zu Berlin* (1918), 465-480.

14. LOCHLAINN O'RAIFEARTAIGH, *The Dawning of Gauge Theory* (Princeton, NJ: Princeton University Press, 1997), 45.

15. JUAN MALDACENA, «The Economic Analogy», *Plus*, 16 de julio de 2016, https://plus .maths.org/content/its-economy-stupid.

16. ALBERT EINSTEIN, «To Hermann Weyl», en Ann M. Hentschel, trad., *The Collected Papers of Albert Einstein*, vol. 8, *The Berlin Years: Correspondence, 1914-1918* (Princeton, NJ: Princeton University Press, 1997), 654. (Carta fechada originalmente el 27 de septiembre de 1918).

17. PAIS, *Subtle Is the Lord*, 341.

18. MICHAEL ATIYAH, *Hermann Weyl: 1885-1955*, Biographical Memoirs 82 (Washington, D.C.: The National Academy Press, 2002), 12.

19. FREEMAN J. DYSON, «Prof. Hermann Weyl, For.Mem.R.S.», *Nature* 177 (1956), 457-458.

20. HERMANN WEYL, «Gravitation and the Electron», *Proceedings of the National Academy of Sciences* 15:4 (1929), 323-334.

21. HERMANN WEYL, «*Elektron und Gravitation*», *Zeitschrift für Physik* 56 (1929), 330-352.

22. O'RAIFEARTAIGH, *The Dawning of Gauge Theory*, VII.

23. *Ibid.*

24. SHIING-SHEN CHERN, «Geometry and Physics», presentado en la Universidad de Singapur, 27 de junio de 1980.

25. O'RAIFEARTAIGH, *The Dawning of Gauge Theory*, VII.

26. ATIYAH, *Hermann Weyl*, 13.

27. THEODOR KALUZA, «On the Unification Problem of Physics», en O'Raifeartaigh, *The Dawning of Gauge Theory*, 53-58. (Publicado originalmente en *Sitzungsberichte der Königlich Preußischen Akademie der Wissenschaften zu Berlin [Math. Phys.]* 96 [1921], 69-72).

28. OSKAR KLEIN, «*Quantentheorie und fünfdimensionale Relativitätstheorie*», *Zeitschrift für Physik* 37 (1926), 895-906; OSKAR KLEIN, «The Atomicity of Electricity as a Quantum Theory Law», *Nature* 118 (1926), 516.

29. ALBERT EINSTEIN, «To Theodor Kaluza», en Ann M. Hentschel (trad.), *The Collected Papers of Albert Einstein*, vol. 9, *The Berlin Years: Correspondence, January 1919-April 2020*, suplemento de traducción al inglés (Princeton, NJ: Princeton University Press, 1997), 21. (Carta fechada originalmente el 21 de abril de 1919).

30. BRIAN GREENE, *The Elegant Universe: Superstrings, Hidden Dimensions, and the Quest for the Ultimate Theory* (Nueva York: Vintage Books, 1999), 203.

31. EUGENIO CALABI (Universidad de Pensilvania), entrevista con el autor, 18 de octubre de 2007.

32. JAMES B. HARTLE, «General Relativity in the Undergraduate Physics Curriculum» (3 de febrero de 2008), arXiv:gr-qc/0506075.

33. K. C. COLE, «From This Angle, Geometry Rules the Universe», *Los Angeles Times*, 4 de noviembre de 1999, https://www.latimes.com/archives/la-xpm-1999-nov-04-me-30000-story.html.

34. LEONARD SUSSKIND, «Some Thoughts About String Theory and the World», coloquio del lunes en el Departamento de Física de la Universidad de Harvard, 26 de octubre de 2020.

35. *Ibid.*

36. ANDREW STROMINGER y CUMRUN VAFA, «Microscopic Origin of the Bekenstein–Hawking Entropy», *Physics Letters B* 379 (27 de junio de 1996), 99-104.

37. BRIAN GREENE y RONEN PLESSER, «Duality in Calabi–Yau Moduli Space», *Nuclear Physics B* 338 (1990), 15-37.

38. PHILIP CANDELAS, XENIA DE LA OSSA, PAUL S. GREEN y LINDA PARKES, «A Pair of Calabi–Yau Manifolds as an Exactly Soluble Superconformal Theory», *Nuclear Physics B* 359 (1991), 21-74.

39. ANDREW STROMINGER, SHING-TUNG YAU y ERIC ZASLOW, «Mirror Symmetry Is *T*-duality», *Nuclear Physics B* 479 (noviembre de 1996), 243-259.

40. PETER GALISON (Universidad de Harvard), entrevista con el autor, 12 de junio de 2019.

41. LEWIS PYENSON, «Einstein's Education: Mathematics and the Laws of Nature», *Isis* 71:3 (septiembre de 1980), 419.

42. LEO CORRY, «The Influence of David Hilbert and Hermann Minkowski on Einstein's Views over the Interrelation Between Physics and Mathematics», *Endeavour* 22: 3 (1998), 95-97.

43. CONSTANCE REID, *Hilbert* (Londres: Allen & Unwin, 1970), 127.

44. CHEN NING YANG, «Albert Einstein: Opportunity and Perception», *International Journal of Modern Physics A* 21 (2006), 3031-3038.

45. MIHALIS DAFERMOS (Universidad de Princeton), entrevista con el autor, 2 de abril de 2020.

46. HUNG-HSI WU (Universidad de California, Berkeley), entrevista con el autor, 21 de febrero de 2019.

47. Judith R. Goodstein, *Einstein's Italian Mathematicians: Ricci, Levi-Civita, and the Birth of General Relativity* (Providence, RI: American Mathematical Society, 2018), 145.

48. Peter Galison, «The Suppressed Drawing: Paul Dirac's Hidden Geometry», *Representations* 72 (otoño de 2000), 158.

49. Simon Donaldson (Imperial College), entrevista con el autor, 5 de julio de 2019.

50. Simon Donaldson, entrevista con el autor, 3 de abril de 2008.

51. Simon Donaldson, entrevista con el autor, 5 de julio de 2019.

52. Steve Mirsky, «A New Book Examines the Relationship Between Math and Physics», *Scientific American*, 1 de agosto de 2019, https://www.scientificamerican.com.article/a-new-book-examines-the-relationship-between-math-and-physics/.

CONCLUSIÓN
El lugar donde se oculta el verdadero misterio

1. N. Jackson, «St. Ignace Mystery Spot», *Atlas Obscura*, 3 de octubre de 2010, https://www.atlasobscura.com/places/st-ignace-mystery-spot.

2. «Mystery Spots», *RoadsideAmerica.com*, consultado el 14 de septiembre de 2023, https:// www.roadsideamerica.com/story/29062.

3. Tony Phillips, «NASA Announces Results of Epic Space-Time Experiment», *NASA Science*, 4 de mayo de 2011, https://einstein.stanford.edu/content/press-media/results_news_2011/NASA_ScienceNews.pdf.

4. Clifford M. Will, «Finally, Results from Gravity Probe B», *Physics*, 31 de mayo de 2011, https://physics.aps.org/articles/v4/43.

5. G. Voisin, I. Cognard, P. C. C. Freire, N. Wex, L. Guillemot, G. Desvignes, M. Kramer y G. Theureau, «An Improved Test of the Strong Equivalence Principle with the Pulsar in a Triple Star System», *Astronomy and Astrophysics* 638 (junio de 2020), A24.

6. Sociedad Max Planck, «Confirming Einstein's Most Fortunate Thought», comunicado de prensa, 10 de junio de 2020, https://www.mpg.de/14923530/general-relativity-pulsar.

7. R. Abuter, A. Amorim, M. Bauböck, J. P. Berger et al., «Detection of the Schwarzschild Precession in the Orbit of the Star S2 near the Galactic Centre Massive Black Hole», *Astronomy and Astrophysics* 636 (abril de 2020), L5.

8. Gabriella Agazie, Akash Anumarlapudi, Anne M. Archibald, Zaven Arzoumanian et al., «The NANOGrav 15 yr Data Set: Evidence for a Gravitational-Wave Background», *The Astrophysical Journal Letters* 951:1 (2023), L8.

9. Katrina Miller, «The Cosmos Is 'Thrumming' with Gravitational Waves, Astronomers Find», *New York Times*, 28 de junio de 2023, https://www.nytimes.com/2023/06/28/science/astronomy-gravitational-waves-nanograv.html.

10. E. K. Anderson, C. J. Baker, W. Bertsche, N. M. Bhatt et al., «Observation of the Effect of Gravity on the Motion of Antimatter», *Nature* 621 (28 de septiembre de 2023), 716-722.

11. Helmut Friedrich, «On the Existence of n-Geodesically Complete or Future Complete Solutions of Einstein's Field Equations with Smooth Asymptotic Structure», *Communications in Mathematical Physics* 107 (1986), 587-609.

12. Demetrios Christodoulou y Sergiu Klainerman, *The Global Nonlinear Stability of the Minkowski Space (PMS–41)* (Princeton, NJ: Princeton University Press, 1993).

13. Georgios Moschidis, «A Proof of the Instability of the AdS for the Einstein–Null Dust System with an Inner Mirror» (27 de abril de 2017), arXiv:1704.08681.

14. Lars Andersson, Pieter Blue, Zoe Wyatt y Shing-Tung Yau, «Global Stability of Spacetimes with Supersymmetric Compactifications» (1 de junio de 2020), arXiv:2006.00824.

15. Marcus A. Khuri y Jordan F. Rainone, «Black Lenses in Kaluza–Klein Matter» (11 de julio de 2023), arXiv:2212.06762v2.

16. Sven Hirsch, Demetre Kazaras, Marcus Khuri y Yiyue Zhang, «Spectral Torical Band Inequalities and Generalizations of the Schoen–Yau Black Hole Existence Theorem», *International Mathematics Research Notices* (26 de junio de 2023), rnad129.

Este libro se terminó de imprimir
en el mes de mayo de 2025 en
Industria Gráfica Anzos, S.L.U. (Madrid).